转基因
科普书系

—— "十三五"国家重点图书出版规划项目 ——

转基因玉米
TRANSGENIC MAIZE

「 李新海　主编 」

中国农业科学技术出版社

图书在版编目（CIP）数据

转基因玉米 / 李新海主编 . —北京：中国农业科学技术出版社，2020. 12
（转基因科普书系 / 吴孔明主编）
ISBN 978-7-5116-5089-4

Ⅰ . ①转… Ⅱ . ①李… Ⅲ . ①转基因食品—玉米—研究 Ⅳ . ①S513.035.3

中国版本图书馆 CIP 数据核字（2020）第 247736 号

策　　划	吴孔明　张应禄
责任编辑	周　朋　徐　毅
责任校对	马广洋
出 版 者	中国农业科学技术出版社
	北京市中关村南大街12号　　邮编：100081
电　　话	（010）82106643（编辑室）　（010）82109702（发行部）
	（010）82109709（读者服务部）
传　　真	（010）82106631
网　　址	http:// www.CASTP.cn
经 销 者	各地新华书店
印 刷 者	北京科信印刷有限公司
开　　本	710mm×1 000mm　1/16
印　　张	12.5
字　　数	186千字
版　　次	2020年12月第1版　2020年12月第1次印刷
定　　价	58.00元

　　转基因技术是通过将人工分离和修饰过的基因导入生物体基因组中，借助导入基因的表达，引起生物体性状可遗传变化的一项技术，已被广泛应用于农业、医药、工业、环保、能源、新材料等领域。农业转基因技术与传统育种技术是一脉相承的，其本质都是利用优良基因进行遗传改良。但与传统育种技术相比，转基因技术不受生物物种间亲缘关系的限制，可以实现优良基因的跨物种利用，解决了制约育种技术进一步发展的难题。可以说，转基因技术是现代生命科学发展产生的突破性成果，是推动现代农业发展的颠覆性技术。

　　从世界范围来看，转基因技术及其在农业上的应用，经历了技术成熟期和产业发展期后，目前已进入以抢占技术制高点与培育现代农业生物产业新增长点为目标的战略机遇期。对我国而言，机遇与挑战并存，需要利用现代农业生物技术，促进农业发展，保障粮食安全和生态安全。

　　像任何高新技术一样，农业转基因技术也存在安全性风险。我国政府高度重视转基因技术安全性评价和管理工作，已建立了完整的安全管理法规、机构、检测与监测体系，并发布了一系列转基因生物环境安全性评价、食品安全性评价及成分测定的技术标准。国际食品法典委员会（CAC）、联合国粮农组织（FAO）和世界卫生组织（WHO）等国际组织也制定了相应的转基因生物安全评价标准。要在利用转基因技术造福人类的同时，科学评价和管控风险，确保安全应用。

虽然到目前为止，全球尚没有发生任何转基因食品安全性事件，但公众对转基因产品安全性的担忧是始终存在的。从人类社会发展历史来看，不少重大技术从发明到广泛应用，都经历过一个曲折复杂的过程，其中人们对新技术的认识和接受程度起着重要的作用。因此，转基因科学普及工作是十分必要的，科学界要揭开转基因技术的神秘面纱，帮助公众在尊重科学的基础上，理性地看待转基因技术和产品。我们组织编写《转基因科普书系》，就是希望提高全社会对转基因技术的认知程度，为我国农业转基因技术的发展营造良好的社会环境。愿有志于此者共同努力！

中国工程院院士
中国农业科学院副院长　吴孔明

CONTENTS / 目录

[第一章 玉米的用途与生产史

第一节　玉米的用途和价值 ……………………………………… 001

第二节　玉米的生物学特征 ……………………………………… 003

第三节　玉米生产史和世界分布 ………………………………… 007

[第二章 玉米营养与病虫草害

第一节　玉米营养 ………………………………………………… 013

第二节　玉米病害 ………………………………………………… 016

第三节　玉米虫害 ………………………………………………… 031

第四节　玉米草害 ………………………………………………… 042

[第三章 转基因玉米研发

第一节　玉米转基因性状类型 …………………………………… 047

第二节　玉米遗传转化技术 ……………………………………… 053

第三节　转基因玉米主要产品 …………………………………… 055

[第四章 转基因玉米环境安全性评价

第一节　生存竞争力 ··· 061

第二节　基因漂移及其环境影响 ······························· 064

第三节　对节肢动物群落结构与多样性的影响 ············ 066

第四节　对土壤生物群落结构与多样性的影响 ············ 073

第五节　靶标生物的抗性风险与治理 ························· 076

[第五章 转基因玉米食用安全性评价

第一节　转基因玉米营养学评价 ······························· 081

第二节　转基因玉米致敏性评价 ······························· 085

第三节　转基因玉米毒理学评价 ······························· 092

第四节　转基因玉米饲用安全性评价 ························· 098

第五节　转基因玉米其他食用安全评价 ····················· 101

第六节　转基因玉米食用安全评价典型案例 ··············· 103

[第六章 转基因玉米生产与贸易

第一节　转基因玉米生产与发展 ······························· 109

第二节　转基因玉米贸易与消费 ······························· 131

第三节　转基因玉米与产业竞争力 ··························· 138

第四节　转基因玉米产业与经济 ······························· 148

第七章 转基因玉米安全性典型案例风险交流

案例一 大斑蝶事件 ························· 156

案例二 墨西哥玉米"基因污染"事件 ············· 157

案例三 转基因玉米影响老鼠血液和肾脏事件 ········· 158

案例四 转基因玉米影响大鼠肾脏和肝脏事件 ········· 158

案例五 转基因玉米影响老鼠生殖发育事件 ·········· 159

案例六 转基因玉米引起广西大学生精子活力下降事件 ··· 159

案例七 "先玉335"致老鼠减少、母猪流产事件 ······· 161

案例八 谣言"大面积种植转基因玉米致无鼠患" ······ 162

案例九 "转基因玉米致癌"事件 ··············· 162

案例十 "草甘膦致癌"事件 ················· 163

案例十一 谣言"美国人不吃转基因玉米，种出来是给
中国人吃的" ···················· 164

案例十二 谣言"美国已经在全面反思转基因技术" ····· 165

案例十三 谣言"美国国家科学院论证了转基因食品
有害健康" ····················· 165

案例十四 谣言"欧洲绝对禁止转基因食品" ········· 166

案例十五 谣言"非洲人饿死也不吃转基因玉米" ······ 167

案例十六 谣言"阿根廷的农业完全被孟山都控制，
农民纷纷破产" ·················· 167

案例十七 谣言"转基因作物能增产是骗人的，因为没有
'增产基因'" ··················· 168

案例十八 谣言"黄金玉米是转基因玉米，导致湖南怀化
通道玉米绝收" ·················· 169

案例十九　谣言"湖北、广西及东北地区大量耕地因种植
　　　　　　转基因玉米报废" ································ 169

案例二十　谣言"种植转基因耐除草剂玉米会产生
　　　　　　'超级杂草'" ·································· 169

案例二十一　谣言"种植转基因抗虫玉米会产生
　　　　　　　'超级害虫'" ································ 170

案例二十二　谣言"我国发展转基因技术会陷入资本主义的
　　　　　　　'专利陷阱'" ································ 171

案例二十三　谣言"市面上卖的甜玉米、圣女果、甘薯、
　　　　　　　彩椒等都是转基因的" ···················· 171

案例二十四　谣言"虫子吃了都会死的转基因抗虫玉米,
　　　　　　　人能吃吗?" ································ 172

案例二十五　谣言"转基因食品短期吃没有问题,但长期吃
　　　　　　　就会有危害;一代人吃了没问题,谁能保证
　　　　　　　几代人吃没问题?" ······················ 173

案例二十六　谣言"为什么不用人做转基因食品的安全性
　　　　　　　实验?还是有问题!" ···················· 173

参考文献 ···································· 175

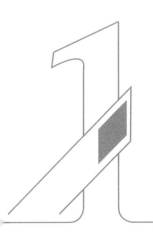

第一章　玉米的用途与生产史

第一节　玉米的用途和价值

玉米，学名*Zea mays* subsp.，属于禾本科（Poaceae）玉蜀黍族（Maydeae），又称玉蜀黍、苞谷、苞米等，原产于中南美洲，是目前全球产量最高的农作物。玉米籽粒富含淀粉、蛋白质、脂肪及微量元素，可作为食物热量来源、动物饲料，以及食品加工或工业制品原料。

一、人类食用

中南美洲、非洲中部、东南亚等部分地区的居民喜以玉米为主食。食用玉米可分为糯玉米、甜玉米、爆裂玉米、玉米笋等，蒸煮或烤熟可食用。甜玉米富含β-胡萝卜素，可作为蔬菜鲜食，也可脱粒制罐装及冷冻食品；玉米笋鲜嫩脆爽，清甜可口，常用于做菜及汤品。粗玉米粉用于制作玉米薄饼、玉米春卷；玉米粒用于制作饮料、浓汤等；感染黑粉病或瘤黑粉病（*Ustylago maydis*）的玉米果穗（俗称乌米）在特定发病时期也可制作食品。

二、动物饲料

玉米营养价值高，含高淀粉及低纤维，易消化吸收且含β-胡萝卜素及叶黄素。全世界约50%的玉米量用作动物饲料，在欧美发达国家所占比例更高。青贮玉米是草食动物的优良饲料，在玉米籽粒达乳熟期至蜡熟期，植株干物质累积达最高时，全株采收切碎，可直接喂食牛或放置密闭槽内无氧发酵来保存反刍料。

三、玉米淀粉

玉米籽粒各部位主要成分含量差异较大，用途各异。胚乳可供食用及生产工业用淀粉；胚芽可制油，其加工副产品麸粉也是饲料蛋白质来源。淀粉是玉米籽粒加工的最主要产品，玉米淀粉发酵后还可制备燃料乙醇，目前美国玉米总产量的约37%用于生产燃料乙醇。

四、食品甜味剂

玉米淀粉经酵素作用可以转化成甜味剂，例如葡萄糖、麦芽糖、寡糖类及高果糖玉米糖浆。高果糖玉米糖浆含42%果糖及58%葡萄糖，其甜度约为蔗糖的90%；再利用色层分离，可获得97%的果糖结晶，甜度是蔗糖的1.8倍，广泛应用于制作面包、果汁、饮料、点心、罐头、奶品等。

五、玉米食用油

玉米胚芽体积占全籽粒1/4左右，脂肪含量高，一般在34%以上，可制备玉米油。玉米食用油具有耐储存及烹调香味稳定的特点，不需添加抗氧化剂，而且香醇、少油烟，不饱和脂肪酸较多。

六、其他用途

玉米加工副产物主要有浸泡液、麸粉等。浸泡液浓缩后产物富含蛋白质、矿物质、色素等，可作为饲料、抗生素培养基，以及氮素养分；麸粉是饲料蛋白质的来源之一。玉米穗轴主要成分为纤维素、半纤维素及木质素，收获后干燥至含10%水分，可以作为杀虫剂、肥料等，也可用作活性炭、香皂、化妆品等的生产原料。

玉米淀粉可以添加制成具生物分解性的塑胶制品，如包装材料、购物袋、清洁袋、免洗餐具、纸尿裤、部分医用塑胶等。玉米须为玉米的花柱和柱头，具有利尿、降压、促进胆汁分泌、增加血液中凝血酶和加速血液凝固等作用。玉米纤维胶（corn fiber gum，CFG）简称半纤维素B，是从玉米纤维中提取出来的多聚木糖，可替代阿拉伯胶应用于黏合剂、增稠剂、稳定剂、乳化剂，大大降低工业生产上对阿拉伯胶的依赖。

第二节 玉米的生物学特征

玉米是雌雄同株一年生草本植物，主要依赖于风媒异花受精产生的种子繁殖。

一、根的形态与功能

玉米根系由胚根和节根组成。玉米根在土壤中的伸展方向与根的种类及生育时期有关。胚根从伸出到衰亡都是直向伸长；各层节根呈辐射状倾斜伸长，拔节后节根的伸展发生明显变化，由斜向伸长转为直向伸长。开花期玉米根系入土深度可达160cm，其中0~40cm土层根量占总根量的80%左右。

玉米根系有3类功能：通过根毛吸收水分和养分，支撑植株，合成氨基酸等有机物。

二、茎的形态与功能

玉米茎节数一般为15~24个，其中3~7个茎节位于地面以下。第1~4节较紧密，节间很短，仅0.1~0.5cm，从第5节间开始伸长，由茎基部向顶端的节间长度逐渐变长，粗度逐渐变细。玉米茎节数目至拔节期已经形成，拔节后则主要由居间分生组织增长，使节间不断伸长。各节间伸长的顺序是从下向上逐渐进行，至雄穗开花期，茎的高度不再增加。玉米维管束无次生形成层，不能进行次生增粗生长，但可以借助初生分生组织增粗，使茎加粗。玉米茎秆的增长速度，一般在小喇叭口期以前增长较慢，从大喇叭口期至抽雄期增长最快，抽雄到开花期增长速度减慢。

茎的功能包括：运输水分和养分；支撑叶片，使之均匀分布，便于光合作用；储藏养分，后期可将部分前期储藏的养分转运到籽粒中；作为果穗发生和支持器官。

此外，玉米茎还具有向光性和负向地性，当植株倒伏后，它能够弯曲向上生长，使植株重新站起来。茎基部节腋芽长成的侧枝称分蘖。一般情况下，分蘖结穗的经济意义不大，但青饲玉米具有多分蘖特征。

三、叶的形态与功能

玉米完全叶由叶鞘、叶片、叶舌、叶环（叶枕）4部分组成。叶鞘包着节间，有保护茎秆和储藏养分的作用。叶片着生于叶鞘顶部的叶环之上，是光合作用的主要器官；叶片中央纵贯一条主脉，主脉两侧平行分布着许多侧脉；叶片边缘带有波状皱纹。叶舌着生于叶鞘和叶片交接处，紧贴茎秆，防止雨水、病菌、害虫侵入叶鞘。

四、生殖器官的形态特征

（一）雄花序

玉米雄花序又称雄穗，着生于茎秆顶端，由主轴、分枝、小穗和小花组成。主轴有4~11行成对小穗，中、下部有15~25个分枝，上有2行成对小穗。每对雄小穗中，一为有柄小穗，位于上方；一为无柄小穗，位于下方。每个雄小穗基部两侧各着生一枚颖片（护颖），两颖片间生长两朵雄花。每朵雄性花由一枚内稃（内颖）、一枚外稃（外颖）及3枚雄蕊组成。每枚雄蕊的花丝顶端着生一个花药。1个正常雄穗，能产生1 500万~3 000万个花粉粒。

玉米雄穗抽出2~5天后开始开花。开花顺序是从主轴中上部开始，然后向上向下同时进行，各分枝的小花开放顺序同主轴。一个雄穗从开花到结束，需7~10天，可长达11~13天。天气晴朗时，上午开花最多，下午显著减少。玉米雄穗开花的最适温度是20~28℃，温度低于18℃或高于38℃时，雄花不开放；开花最适相对湿度为65%~90%。

（二）雌花序

玉米雌花序又称雌穗，肉穗花序，受精结实后发育为果穗。

1. 玉米雌穗结实特点

（1）腰穗性。雌穗由茎秆中部叶腋中的腋芽发育而成，果穗位于茎秆腰部（中部）。

（2）潜在的多穗性。玉米除上部4~6节外，全部叶腋均能形成腋芽，地上节上的腋芽进行穗分化到早期阶段停止，不能发育成果穗，只有上部1~2个腋芽正常发育形成果穗。

（3）主茎结实性。基部节（地下节）的腋芽不发育或形成分蘖，但分蘖一般不能成穗。玉米果穗为变态的侧茎，果穗柄为缩短的茎秆，节数随品种而异，各节着生1片仅具叶鞘的变态叶即苞叶，包裹果穗，起保护作用。

2. 果穗构成

果穗由穗轴和雌小穗构成。穗轴节很密，每节着生两个无柄小穗，成对排列。每小穗内有两朵小花，上位花结实，下位花退化，故果穗上的行粒数为偶数，一般为12~18行。每穗粒数一般为300~500粒。果穗的粒行数、行粒数和穗粒数因品种和栽培条件而异。

3. 雌小穗构成

基部两侧各着生一枚短而稍宽的颖片（护颖），颖片内有两朵小花，其中一朵小花退化，仅留有膜质的内外稃（颖）和退化的雌、雄蕊痕迹；另外一朵小花结实，包括内外稃（颖）和一枚雌蕊及退化的雄蕊。雌蕊由子房、花柱和柱头组成。通常将花柱和柱头总称为花丝。花丝顶端分叉，密布茸毛分泌黏液，有黏着外来花粉的作用，花丝任何部位都有接受花粉的能力。

4. 雌穗的吐丝与授粉

雌穗一般比同株雄穗开花晚2~5天。一个雌穗从开始抽丝到全部抽出，需5~7天。花丝长度15~30cm，若长期得不到受精，可延长至50cm左右。同一雌穗上，一般位于雌穗基部往上1/3处的小花先抽丝，然后向上下伸展，顶部花丝最晚抽出，当粉源不足时，易发生顶部花丝得不到授粉而"秃顶"。有些苞叶长的品种，基部花丝伸出很长才能露出苞叶，抽丝很晚，也影响授粉，导致果穗基部缺粒。

玉米雄花序的花粉传到雌穗小花的柱头上称为授粉。微风时，散粉范围约1m，风力较大时，可传播500~1 000m。花粉落到花丝后在适宜条件下10分钟即萌发，30分钟形成花粉管，2小时左右花粉管进入子房，抵达胚乳，开始双受精。从花丝接收花粉到受精结束一般需要18~24小时，从花粉管进入子房至完成受精需2~4小时；花丝在受精后停止伸长，2~3天变褐枯萎。

（三）雄、雌穗分化进程

玉米雄、雌穗分化与形成，是连续发育过程。根据形态发育特点，可分为生长锥未伸长、生长锥伸长、小穗分化、小花分化和性器官发育形成5个时期。

五、种子的构造及其形成

（一）种子形态结构

玉米种子实质为果实，称为种子或籽粒，主要由果皮与种皮、胚乳和胚组成，其形态、大小和色泽多样；种子颜色有黄、白、紫、黑、花斑等色，最常见的为黄色与白色；每个果穗种子占果穗干重的75%~90%。

（二）"尖冠"与黑色层

在种子与穗轴的连接处有一尖形果柄，称为"尖冠"。它使种子附着在穗轴上，果柄与种皮相连，是穗轴的一部分。

脱粒时，果柄常常留在种子上，种子去掉果柄后，可看到胚的黑色附着物，称为黑色层。出现黑色层是种子生理成熟的主要标志。

第三节　玉米生产史和世界分布

一、玉米的传播分布

玉米起源于中南美洲，7 000年前美洲印第安人已开始种植玉米。公元1492年哥伦布到达美洲大陆后，开始有关于玉米的文字记载，并向世界各地传播。玉米向亚洲传播的时间稍晚一些。大约在16世纪30年代，玉米通过陆路从土耳其、伊朗、阿富汗传入东亚；另一路通过葡萄牙人开辟的东方航线，经非洲好望角至马达加斯加岛，后传播至印度和东南亚各国。1579年，葡萄牙人把玉米带到日本长崎县；公元19世纪中期，日本又从美国引进玉米在北海道种植。

现在，玉米在世界各地都有种植，分布在40°S~50°N，从低于海拔20m的盆地，直至海拔4 000m的高原。从地理位置和气候条件看，世界玉米集中产区主要分布在北半球温暖地区，即7月等温线在20~27℃，无霜期在140~180天的范围内，以北美洲种植面积最大，亚洲、非洲和南美洲次之。最适宜种植玉米的地区包括美洲的美国，欧洲的多瑙河流域诸国，亚洲为中国的华北平原、东北平原等。

大约在16世纪中期，玉米传入中国，种植过程中逐渐有了玉蜀黍、苞米、棒子、玉茭、苞谷和珍珠米等俗称。中国最早记载玉米的书籍是1511年安徽省《颖洲志》，那时玉米称为珍珠秫；最早记载关于玉米植株形态的书籍是1560年由赵时春撰写的《平凉府志》。1579年《龙川县志·物产》所载："粟、大米、珍珠、小黄"，文中"珍珠"指玉米。1612年《泉州府志·物产·麦之属》："郁麦，壳薄易脱，故名。晋江出。"此处"郁麦"指玉米。玉米在中国的传播大致是先边疆，后内地；先丘陵，后平原，其传播和发展速度很快。在500余年的传播历程中，形成东南海路、西南陆路、西北陆路3条入境传播路径，且以东南海路一线为主。从16世纪初期到中期，玉米已经先后出现在安徽、广西、河南、江苏、甘肃、云南、浙江、福建、广东、山东、陕西、河北、湖北、山西、江西、辽宁和湖南等许多地方的县志记载中。到18世纪中叶，南方各地已广泛种植玉米，且主要种植在不宜种水稻的丘陵和山区。此后，玉米很快传到北方，成为主要农作物。

总体上，玉米在中国主要分布在东北、华北和西南地区，形成一个从东北到西南的狭长玉米种植带，这一带状区域占中国玉米种植总面积的85%和产量的90%。黑龙江、吉林、辽宁、内蒙古、河北、山东、河南、陕西、四川、云南是我国主要的玉米生产省份。

二、全球玉米生产概况

据联合国粮食及农业组织（Food and Agriculture Organization of the United Nations，FAO）统计数据，2018年玉米、水稻、小麦占世界谷物总产量的百分比分别为38.7%、26.4%、24.8%；同年，我国玉米、水稻、小麦占谷物总产量的比例分别达到40.6%、33.0%、23.9%。玉米生产发展主要体现在种植面积扩大，单产水平提高，总产量增长。从1961年开始，玉米收获面积不断增加，从$105.56 \times 10^6 \ hm^2$增加到$193.73 \times 10^6 \ hm^2$（图1-1）；玉米单产水平不断提高，产量从1 942.3kg/hm²提高到5 923.7kg/hm²，进入20世纪70年代后稳定列第1位（图1-2）；玉米总产量从1961年的$205.03 \times 10^6 \ t$增加到2018年的$1 \ 147.62 \times 10^6 \ t$，1996年首次超过水稻和小麦列第1位（图1-3）。因此，玉米是全球单产和总产最高的作物。

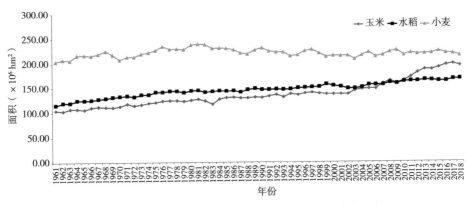

图1-1　1961—2018年全球玉米、水稻、小麦收获面积

数据来源：联合国粮食及农业组织

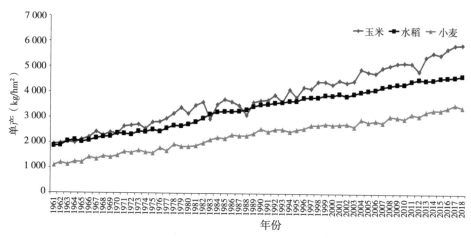

图1-2　1961—2018年全球玉米、水稻、小麦单产

数据来源：联合国粮食及农业组织

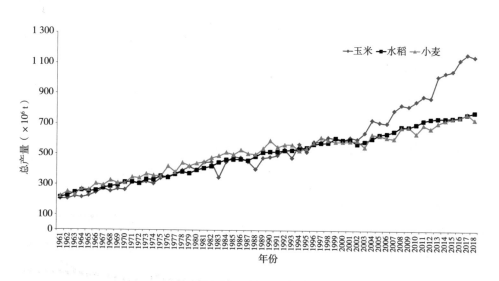

图1-3　1961—2018年全球玉米、水稻、小麦总产量

数据来源：联合国粮食及农业组织

　　根据2018年世界主要国家玉米生产情况显示，玉米产量位于前列的国家和地区为美国、中国、欧盟、巴西、墨西哥、印度等，其中美国和中国两国的产量占世界总产一半以上，如图1-4所示。

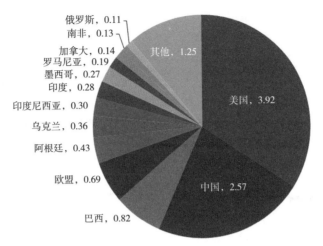

图1-4 2018年世界主要生产国及地区的玉米产量（单位：亿t）

数据来源：联合国粮食及农业组织

我国玉米虽然种植时间较短，但发展较快，种植面积一直稳步增长。据FAO统计，1961—2018年，我国玉米种植面积从15.22×10^6 hm^{2}增加到42.16×10^6 hm^2（图1-5）；玉米产量从1 184.80kg/hm^{2}提高到6 104.20kg/hm^2（图1-6）；玉米总产量从1961年的18.03×10^6 t增加到2018年的257.35×10^6 t（图1-7）。在我国，玉米随着种植面积扩大及新品种推广，2007年其收获面

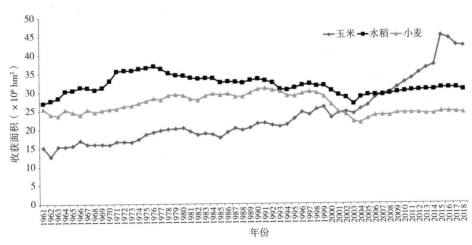

图1-5 1961—2018年中国玉米、水稻、小麦收获面积

数据来源：联合国粮食及农业组织

积首次超过水稻，跃居第一；2013年玉米总产量超过水稻，成为保障粮食安全的重要作物。

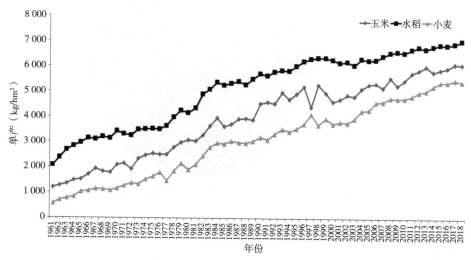

图1-6　1961—2018年中国玉米、水稻、小麦单产

数据来源：联合国粮食及农业组织

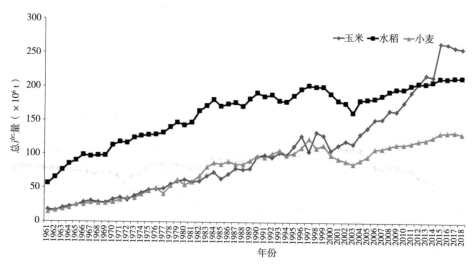

图1-7　1961—2018年中国玉米、水稻、小麦总产量

数据来源：联合国粮食及农业组织

第二章 玉米营养与病虫草害

第一节 玉米营养

目前，玉米已成为全球公认的"黄金作物"。玉米的营养水平是体现其品质、饲用及食用价值的重要因素。玉米籽粒的营养成分主要包括淀粉、脂肪、蛋白质以及各种维生素、矿质元素和微量元素等。淀粉包括直链淀粉和支链淀粉；油脂主要包含油酸、亚油酸和亚麻酸等成分；蛋白质含有人畜生长所必需的氨基酸，如赖氨酸、色氨酸等。

一、脂肪

一般情况下，食物中所含的脂肪酸的碳链中碳原子数为10~24个，包括油酸（十八碳一烯酸）和亚油酸（十八碳二烯酸）。亚油酸是一种含有两个双键的 ω-6脂肪酸，是人体生长、发育必需的脂肪酸（图2-1）。亚油酸广泛存在于动植物油中，其中玉米油中的亚油酸含量高达50%。

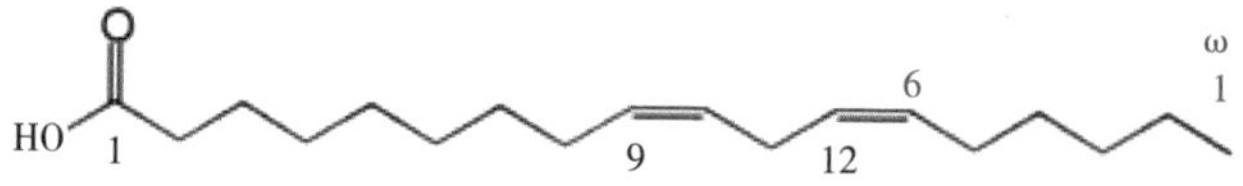

图2-1 亚油酸结构

亚油酸可以降低胆固醇含量，防止其沉积在血管内壁上，从而防治动脉粥样硬化，对预防心脑血管、高血压等疾病具有积极作用。美国科学家用含玉米油的饲料喂养乳牛，在产出的全脂奶中发现一种含亚油酸的脂肪，可以预防乳腺癌、卵巢癌、前列腺癌、结肠癌和黑色素瘤等。因为这种亚油酸可以清除细胞中的自由氧，保护DNA（脱氧核糖核酸）免受损害，所以可以防止基因突变诱发癌症。

二、蛋白质

玉米蛋白质主要包含球蛋白、清蛋白、谷蛋白和醇溶蛋白，其中醇溶蛋白和谷蛋白含量最高。减少醇溶蛋白含量，提高白蛋白、球蛋白和谷蛋白的含量是提高玉米营养价值的重要指标。优质玉米中，醇溶蛋白含量不超过22.9%，而白蛋白、球蛋白和谷蛋白含量需上升至50.1%。通常情况，赖氨酸和色氨酸含量是衡量蛋白质品质的标准，二者含量越高，蛋白质品质越好。优质玉米中赖氨酸含量可以达到0.4%以上，比普通玉米增加46%；色氨酸含量平均为0.083%，比普通玉米增加66%。优质蛋白玉米由于富含赖氨酸和色氨酸，异亮氨酸/亮氨酸比值高，氨基酸平衡较好。

三、淀粉

玉米淀粉由直链淀粉和支链淀粉组成，通常根据两者组成的不同将玉米分为高支链淀粉玉米（糯玉米）、高直链淀粉玉米和混合型高淀粉玉米。普通玉米籽粒的淀粉含量在70%左右；高淀粉玉米籽粒淀粉含量高达73%以上，显著高于普通玉米；淀粉成分中直链淀粉和支链淀粉均比普通玉米高；高淀粉玉米籽粒的粒重、胚乳重比普通玉米高，而胚重较低；胚乳占籽粒的比例高，胚所占比例较小。由于玉米淀粉的85%以上存在于胚乳中，因此胚乳突变体可以在不同程度上改变籽粒碳水化合物的数量和质量。影响籽粒淀粉含量的基因主要有ae、du、$su2$和wx等，它们都为纯合的隐性基因，增强其表达可提高直链淀粉含量，但也会引起籽粒中含水量增加和总淀粉含量下降。糯玉米籽粒胚乳中没有直链淀粉，所含淀粉全部为支链淀粉，由第9条染色体上隐性糯质基因wx控制。与普通玉米相比，糯玉米的脂肪、蛋白质和赖氨酸含量均较高。

四、维生素

玉米中含有大量的维生素A、维生素B_1、维生素B_2、维生素B_6、维生素E和胡萝卜素，是稻米、小麦中含量的5~10倍。玉米的胚芽和花粉里含有大量维生素E，具有降低血清胆固醇、促进细胞分裂、增强机体新陈代谢、调节神经和内分泌等功能。维生素E可以促使皮下组织丰润，使皮肤细胞富有光泽和弹性，预防皮肤病的发生。同时，维生素E可增强人的耐力和体力，防细胞衰老、脑功能退化和抗血管硬化等作用。玉米籽粒中含有较多的胡萝卜素，被人体吸收后可以转化为维生素A。玉米的烟酸含量高于稻米。烟酸在脂肪、蛋白质和糖代谢过程中起重要作用，维持人体消化系统、神经系统和皮肤的正常功能。人体内如果缺乏烟酸，在精神上可以引起幻视、幻听和精神错乱等症状；在消化上引起口角炎、舌炎、腹泻等症状；在皮肤上引起癞皮病。

五、矿物质与纤维素

玉米籽粒含有丰富的钙、磷、镁、铁、硒等矿物质和粗纤维。每100g玉米中含有近300mg的钙，几乎与乳制品中的钙含量相当；钾含量238~

300mg，是稻米的2.45~3倍；镁96mg，是稻米的3倍。丰富的钙可起到降血压的功效，如果每天摄入1g钙，6周后血压能降低9%。硒能加速体内过氧化物分解，使恶性肿瘤得不到氧的供应而衰亡。镁能抑制癌细胞的形成发展，从而起到预防癌的作用。

玉米含有丰富的植物纤维素，可以束缚并阻碍过量的葡萄糖吸收，抑制饭后血糖升高。纤维素还可以抑制脂肪吸收、降低血脂水平、预防和改善冠心病、胆结石症和肥胖等。

六、类黄酮

黑糯玉米水溶性黑色素（花青素）含量特别高，黑色素的90%为黄酮类化合物（falconoid，又称生物类黄酮），生物类黄酮是目前国际上公认的清除人体内自由基有效的天然抗氧化剂。它的自由基清除能力是维生素E的50倍，维生素C的20倍。生物类黄酮具有多种生理功能和药用价值，例如能够增强血管弹性，改善循环系统和增进皮肤的光滑度，抑制炎症和过敏，改善关节的柔韧性。类黄酮有助于预防多种与自由基有关的疾病，包括癌症、心脏病、过早衰老和关节炎等。

第二节　玉米病害

病害是影响玉米生产的重要因素，每年导致产量损失可达6%~10%。据报道，全世界玉米病害有80余种，在我国出现的有30多种。发生普遍、为害严重的病害有大斑病、小斑病、南方锈病、灰斑病、纹枯病、丝黑穗病、茎腐病、穗腐病等真菌病害，以及矮花叶病、粗缩病等病毒病。

随着气候变化、耕作方式改变和新品种推广，玉米病害在我国的发生也有所改变。在东北春玉米区，由于品种抗性水平较低、病原菌致病力发生变异等原因，大斑病仍呈现较重的发生趋势；由于种子包衣和抗病品种推广，丝黑穗病为害近年则有所减轻。在黄淮海夏玉米区，小斑病局部发生较重，矮花叶病发生普遍、为害较轻；以往发生的一些次要病害，如南方锈病、瘤黑粉病成为生产中突出的问题。在西北玉米区，茎腐病和大斑病为害加重。西南地区灰斑病和纹枯病发生较重，南方锈病和穗腐病为害呈上升趋势。从全国来看，由于目前推广的新品种对茎腐病、穗腐病抗性水平较低，同时受耕作制度影响，这两种病害扩展速度较快，成为威胁我国玉米安全生产和食（饲）用安全的重要病害。

一、玉米大斑病（Northern Corn Leaf Blight）

【症状】玉米大斑病又称条斑病、叶斑病、煤纹病、枯叶病等。主要为害玉米的叶片、叶鞘和苞叶。叶片染病过程中先出现水渍状青灰色斑点，然后病斑沿叶脉向两端扩展，形成中央淡褐色或青灰色、边缘暗褐色的大斑，发病后期病斑常纵裂。严重时多个病斑融合，导致叶片变黄枯死（图2-2）。潮湿时病斑上出现大量的灰黑色霉层。在单基因抗病品种上表现为褪绿病斑，病斑较小，与叶脉平行，色泽黄绿或淡褐色，周围暗褐色。

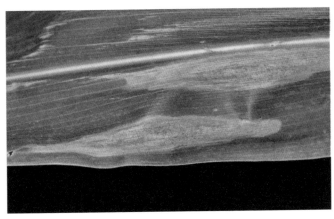

图2-2　玉米大斑病（苏前富提供）

【病原】大斑凸脐蠕孢[*Exserohilum turcicum*（Pass.）Leonard et Suggs]，异名为*Helminthosporium turcicum* Pass. Drechslera turcica（Pass.）Subram. & Jain。玉米大斑病菌的分生孢子梗自气孔伸出，单生或2~3根束生，褐色不分枝，基细胞较大，顶端色淡，具2~8个隔膜，大小（35~160）μm×（6~11）μm。分生孢子呈梭形、榄褐色，顶细胞钝圆或长椭圆形，基细胞尖锥形，有2~7个隔膜，大小（45~126）μm×（15~24）μm，脐点突出于基细胞外部（图2-3）。有性态称玉米毛球腔菌[*Setosphaeria turcica*（Luttr.）Leonard & Suggs]，异名有*Trichometasphaeria turcica* Luttr. Keissleriella turcica（Luttr.）v. Arx，自然条件下不产生有性世代。成熟的子囊果显黑色，椭圆形或球形，大小（359~721）μm×（345~497）μm，外层由黑褐色拟薄壁组织组成，内层膜由较小透明细胞组成。子囊果壳口表皮细胞产生褐色、较多短而刚直的毛状物。子囊从子囊腔基部长出，夹在拟侧丝中间，圆柱形或棍棒形，具短柄，大小（176~249）μm×（24~31）μm。子囊孢子无色透明，老熟呈褐色，纺经形，多为3个隔膜，隔膜处缢缩，大小（42~78）μm×（13~17）μm。玉米大斑病菌有4个生理小种。1号小种侵害水平抗性的多基因材料，产生萎蔫斑，在*Ht1*单基因材料上产生褪绿斑；2号、3号、N号小种虽不是优势小种但发病呈上升趋势。

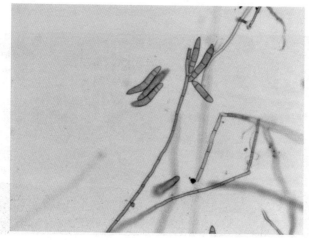

图2-3 玉米大斑病菌孢子（苏前富提供）

【发生规律】玉米大斑病病原菌以菌丝体在残体植物内越冬，成为翌年病害的主要初侵染源，带病种子及未腐烂病残体的粪肥也可成为初侵染源。分生孢子作为初侵与再侵接种体借气流、风雨传播，从寄主表皮直接侵入或从气孔侵入致病。病害的发生流行与气候条件、耕作栽培措施和玉米品种有密切关系。玉米感病品种的推广是大斑病发生流行的主要因素。在种植感病品种并有菌源达到一定数量的条件下，发病的轻重取决于温度和湿度。7—8月间的平均温度为18~22℃、相对湿度在90%以上的地区，大斑病发生严重。合理套作或轮作发病较轻；春夏玉米早播比晚播发病轻；稀植比密植发病轻；育苗移栽的比同期直播的发病轻；肥沃田比贫瘠地的病轻；地势高、通透好的比地势低、环境潮湿的发病轻。

【防治方法】①选种抗病品种。②实行轮作，适期早播，避开病害发生高峰；施足基肥，增施磷钾肥；做好中耕除草培土工作，摘除底部2~3片叶，降低田间湿度；玉米收获后，清洁田园，将秸秆集中处理，高温发酵后用作堆肥。③药剂防治，心叶末期到抽雄期喷洒50%多菌灵可湿性粉剂500倍液或50%甲基硫菌灵可湿性粉剂600倍液等农药，每隔10天防1次，连续防治2~3次。

二、玉米小斑病（Corn Southern Leaf Blight）

【症状】玉米小斑病在玉米整个生长期皆可发生，以抽雄和灌浆期发病为重。主要为害叶片，叶鞘、苞叶和果穗。发病叶片出现椭圆形或纺锤形、黄褐色或灰褐色病斑。抗病品种的病斑呈黄褐色坏死小斑点，周围有黄色晕圈，斑面霉层病征不明显；在感病品种的病斑周围或两端可出现暗绿色浸润区，斑面上灰黑色霉层病征明显，病叶易萎蔫枯死（图2-4）。

图2-4　玉米小斑病（苏前富提供）

【病原】玉蜀黍平脐蠕孢菌 [*Bipolaris maydis*（Nisikado et Miyake）Shoem.，异名为*Helminthosporium maydis* N. et. M.和*Drechslera maydis*（N. et M）Subram & Jain]。有性世代为异旋腔孢菌（*Cochliobolus heterostrophus* Drechsler），异名为（*Ophiobolus heterostrophus* Drechsler），在叶鞘和叶枕处偶有产生。无性态分生孢子梗单生或多根丛生，褐色具隔膜，大小为（80~156）μm×（5~10）μm，基细胞膨大。分生孢子长椭圆形、倒棍棒状，或褐色弯月形，中部稍宽，端细胞钝圆形，脐点明显，凹入基细胞内，具3~10隔膜，以8个居多，大小为（55~140）μm×（5~17）μm，萌发时从两端长出芽管。玉米小斑病菌有T和O两个生理小种，分生孢子产生的最适温度为23~25℃。分生孢子在水滴中24℃条件下放置1小时就可萌发，4小时后萌发率达90%以上（图2-5）。

【发生规律】玉米小斑病菌主要以菌丝体形式在病叶越冬，也可在种子越冬成为翌年病害的初侵染源。病菌以分生孢子作为初侵与再侵接种体，通过气流传播，从直接穿透表皮或从气孔侵入寄主致病。玉米小斑病的发生流行与气候条件、栽培措施和品种抗病性密切相关。在适温（25.7~28.3℃）条件下，玉米孕穗、抽穗期遇降水多、湿度高，易诱发流行。低洼地、连作地和密植地发病重。

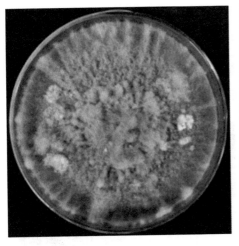
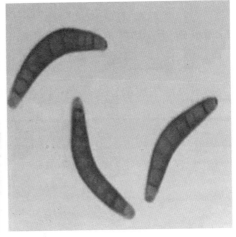

图2-5　玉米小斑病菌培养（A）和病菌孢子（B）（苏前富提供）

【防治方法】①推广种植抗病高产品种。②在拔节及抽穗期追施复合肥，促进健壮生长，提高植株抗病力。③将病残体集中烧毁，减少发病来源。④发病初期喷洒65%代森锰锌可湿性粉剂500倍液或50%多菌灵可湿性粉剂500倍液；心叶末期到抽雄期，每7天喷洒1次，连续喷2~3次。

三、玉米锈病（Common Rust of Corn）

【症状】普通锈病主要侵害玉米叶片，严重时为害叶鞘、苞叶和雄花。发病初期在叶片基部或上部主脉及两侧出现乳白至淡黄色针尖大小病斑，为病原菌未成熟夏孢子堆，随后病斑扩展为圆形至长圆形，隆起，颜色加深至黄褐色，表皮破裂散出铁锈色粉状物，为成熟夏孢子，夏孢子散生于叶片的两面，以叶面居多。玉米生长末期，在叶片的背面，尤其是在靠近叶鞘或中脉及其附近，形成细小的冬孢子堆，冬孢子堆稍隆起，圆形或椭圆形，直径0.3~0.5mm，棕褐或近于黑色，长期埋生于寄主的表皮下，破裂后露出黑褐色粉末，即病原菌的冬孢子（图2-6A）。南方锈病与普通锈病不同的症状特点主要有以下几点。①夏堆生于叶片正面，数量多，分布密集,很少生于叶片背面。有时叶背出现少量夏孢子堆,但仅分布于中脉及其附近。②夏孢子堆圆形、卵圆形,比普通锈病的夏孢子堆更小,色泽较淡。③覆盖夏孢子堆的表皮开裂缓慢而不明显。④发病后期,在夏孢子堆附近散生深褐色至黑色的冬孢子堆(图2-6B)。

A   B

图2-6 普通锈病(A)和南方锈病(B)(石洁提供)

【病原】①普通锈病病原为玉米柄锈菌(*Puccinia sorghi* Schw.)。夏孢子近球形、椭球形、长椭球形或长卵圆形,或矩形与不规则形,淡褐色至金黄褐色,壁薄,表面布满短且稠密的细刺,大小为(19.50~40.00)μm×(17.50~29.75)μm,沿赤道上有3~4个发芽孔,分布不均。夏孢子着生在夏孢子柄顶端,易分离,夏孢子柄柱状,顶端稍宽,下部狭窄,无色。夏孢子后期外壁加厚,2.25~2.50μm,颜色转为深褐色。冬孢子长椭圆形或椭圆形,顶端圆,少数扁平,有一个隔膜,长柄达30μm。冬孢子堆后期表皮呈黑色,长1~2mm(图2-7A)。②南方锈病病原为多堆柄锈菌(*Puccinia polysora*),夏孢子大小为(25.00~28.75)μm×(32.14~39.20)μm,金黄色,单胞,卵圆形或圆形,表面有稀疏小刺。很少在夏孢子堆内形成黑褐色的冬孢子堆;但在发病后期,在夏孢子堆附近散生冬孢子堆,颜色深褐色至黑色,常在周围出现暗色晕圈。冬孢子堆的表皮多不破裂(图2-7B)。

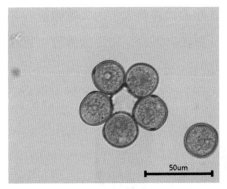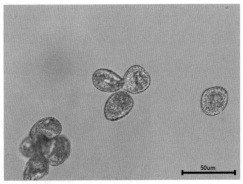

A

B

图2-7　玉米柄锈菌（A）和多堆柄锈菌（B）（石洁提供）

【发生规律】普通锈病初侵染来源目前还没有解决。该病在较低的气温和经常降水、相对湿度较高的条件下流行。南方锈病以外来菌源为初次侵染源，以夏孢子形式侵染，玉米全生育期均可以感病，苗期和孕穗期发病最重。影响南方锈病流行的条件，主要是温度和露水，最适宜发病的温度为26~28℃。田间叶片染病后，病部产生的夏孢子借气流传播，可以再侵染，蔓延扩展。高温多湿、种植早熟品种、偏施氮肥发病重。

【防治方法】①选育抗病品种。②施用酵素菌沤制的堆肥，增施磷钾肥，避免偏施、过施氮肥，提高寄主抗病力。③加强田间管理，清除酢浆草和病残体，集中深埋或烧毁，减少侵染源。④发病初期喷洒50%硫黄悬浮剂300倍液或25%三唑酮可湿性粉剂1 500~2 000倍液，隔10天左右1次，连续防治2~3次。

四、玉米丝黑穗病（Head Smut of Corn）

【症状】玉米丝黑穗病是苗期侵染的系统性病害，一般到穗期才出现典型症状。雄穗受害多数病穗仍保持原来的穗形，部分小花受害，花器变形，颖片增长呈叶片状，不能形成雄蕊，小花基部膨大形成菌瘿，外包白膜，破裂后散出黑粉（冬孢子），发病重的整个花序被破坏变成黑穗。病果穗较粗短，基部膨大，不抽花丝，苞叶叶舌长而肥大，大多数除苞叶外全部果穗被破坏变成菌瘿，成熟时苞叶开裂散出黑粉，寄主的维管束组织呈丝状（图2-8）。

图2-8　玉米丝黑穗病（苏前富提供）

【病原】丝轴黑粉菌［*Sphacelotheca reiliana*（Kuhn）Clint.］。冬孢子为球形或近球形，黄褐色至黑褐色，表面有细刺（图2-9）。

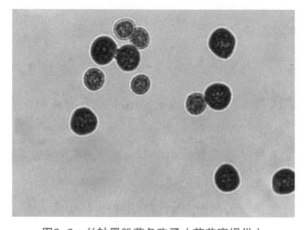

图2-9　丝轴黑粉菌冬孢子（苏前富提供）

【发生规律】玉米丝黑穗病无再侵染，发病程度取决于品种的抗性、菌源数量及环境条件等因素。连作田土壤含菌量高导致发病重。播种至出苗期间的土壤温、湿度条件与发病有密切关系。病菌萌发侵入的适宜温度为25℃左右，适宜土壤含水量为20%。

【防治方法】①选育和利用抗病品种。②加强栽培管理。③药剂拌种。

五、玉米纹枯病（Corn Sheath Blight）

【症状】玉米纹枯病主要为害玉米叶鞘和茎秆，严重发生时可为害果穗。发病初期多在基部1~2茎节叶鞘上产生暗绿色水渍状病斑，后扩展融合成云纹状大病斑。病斑中部灰褐色，边缘深褐色，由下向上蔓延扩展，穗苞叶染病也可产生同样的云纹状斑。果穗染病后秃顶，籽粒细扁或变褐腐烂。严重时根茎基部组织变为灰白色，次生根黄褐色或腐烂。多雨、高湿持续时间长时，病部长出稠密的白色菌丝体，菌丝进一步聚集成多个菌丝团，形成小菌核（图2-10）。

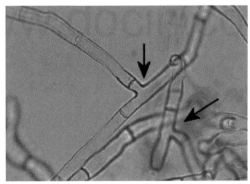

A   B

图2-10　玉米纹枯病症状（A）和菌丝（B）（苏前富提供）

【病原】立枯丝核菌（*Rhizoctonia solani* Kuhn），有性态为瓜亡革菌［*Thanatephorus cucumeris*（Frank）Donk］。立枯丝核菌具3个或3个以上的细胞核，菌丝直径6~10μm，分枝呈直角，分枝处明显缢缩。菌核由单一菌丝尖端的分枝密集而形成或由尖端菌丝密集而成。该菌在土壤中形成薄层蜡状或白粉色网状至网膜状子实层。担子桶形或亚圆筒形，较支撑担子的菌丝略宽，上具3~5个小梗，梗上着生担孢子；担孢子椭圆形至宽棒状，基部较宽，大小（7.5~12）μm×（4.5~5.5）μm。担孢子能重复萌发形成2次担子。

【发生规律】病菌以菌丝和菌核在病残体或在土壤中越冬。翌春条件适宜，菌核萌发产生菌丝侵入寄主，后病部产生气生菌丝，在病组织附近不断扩展。菌丝体侵入玉米表皮组织时产生侵入结构。病、健叶和叶鞘相互接触及雨水反溅，是田间再侵染的主要途径。在温暖条件下，湿度大、阴雨连绵的天气有利于发病。品种间抗性差异显著。播种过密、施氮肥过多、重茬连作，地势低洼、排水不良发病重。

【防治方法】①清除病原及时深翻消除病残体及菌核，发病初期摘除病叶，并用药剂涂抹叶鞘等发病部位。②选用抗（耐）病品种，实行轮作，合理密植，开沟排水，降低田间湿度，结合中耕消灭田间杂草。③药剂防治。

六、玉米镰孢菌茎腐病（Fusarium Stem Rot）

【症状】镰孢菌茎腐病是由多种镰孢菌单独或复合侵染根系和茎基部造成的，全生育期均可侵染（图2-11）。一般在玉米灌浆期开始显现，乳熟末期至蜡熟期为显症高峰期。镰孢茎腐病的症状有青枯和黄枯两种类型，何种类型为主取决于病程发展速度。病株开始在茎基节间产生纵向扩展的不规则状褐色病斑，随后缢缩，变软或变硬，后期茎内部空松，组织腐烂，可见白色或粉红色菌丝。茎腐病发生后期，果穗苞叶青干，呈松散状，穗柄柔韧，果穗下垂。

图2-11　镰孢菌茎腐病（苏前富提供）

【病原】①玉蜀黍赤霉菌（*Gibberellar zeae*）〔无性阶段：禾谷镰孢菌（*Fusrarium graminearum* Schwabe）〕，可以以有性阶段子囊孢子或无性阶段的禾谷镰孢菌分生孢子侵染为主，在我国则以分生孢子为主要侵染源（图2-12）。②拟轮枝镰孢菌（*Fusarium verticillioides*，异名串珠镰孢菌 *Fusrarium moniliforme*）〔有性阶段：藤仓赤霉菌（*Gibberella fujikuroi*）〕，主要以分生孢子侵染为主。

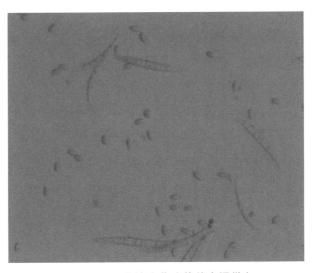

图2-12　禾谷镰孢菌（苏前富提供）

【发生规律】镰孢茎腐病属于土壤传播的病害，其中禾谷镰孢菌以子囊壳、菌丝体和分生孢子在病株残体组织、土壤中和种子上存活越冬，成为第二年的主要侵染菌源。连作年限越长，土壤中累积的病菌越多，发病越重；一般早播和早熟品种发病重，适期晚播或种植中晚熟品种可延缓和减轻发病；平地发病轻，岗地和洼地发病重；土壤肥沃、有机质丰富、排灌条件良好，玉米生长健壮的发病轻；沙土地、土质瘠薄、排灌条件差、玉米生长弱的发病重；玉米散粉期至乳熟初期雨后暴晴发病严重；夏玉米生长季前干旱、中期多雨、后期温度偏高年份发病较重。

【防治方法】①选用抗病品种。②彻底清除田间病株残体，尽量减少侵染来源。③轮作换茬，在发病重的地块可与水稻、甘薯、马铃薯、大豆等作物实行2~3年轮作。④适期晚播，在北方春玉米区，如吉林、辽宁、河北北部一带，4月下旬至5月上旬播种能防止茎腐病的发生。夏玉米6月15日左右播种发病轻。⑤播种前用化学种衣剂拌种。⑥加强田间管理，增施肥料。

七、玉米镰孢菌穗粒腐病（Fusarium Ear Rot of Corn）

【症状】玉米镰孢菌穗粒腐病的染病果穗顶部变为粉红色，籽粒间生有粉红色至灰白色菌丝；受害早的果穗多全部腐烂；病穗的苞叶与果穗黏结紧密，且在果穗与苞叶间长出一层淡紫色至浅粉红色霉层，有时病部现蓝黑色的小粒点，即病菌子囊壳（图2-13）。受串珠镰孢侵染的玉米生长后期的果穗，仅个别或局部籽粒染病，病粒易破碎。病粒上长一层粉红色霉状物，多为病菌的小孢子，有时也长橙黄色点状黏质物，即病菌的黏分生孢子团。该菌喜欢在穗虫或玉米螟为害后的沟槽里生长繁殖。湿度大时也为害雄花和叶鞘。

图2-13　玉米镰孢菌穗粒腐病（石洁提供）

【病原】拟轮枝镰孢菌（*Fusarium verticillioides*），有性态为藤仓赤霉 [*Gibberella fujikuroi*（Saw.）Wr.]（图2-14）。禾谷镰孢（*Fusarium graminearum* Schwl），有性态为玉蜀黍赤霉 [*Gibberella zear*（Schw.）Petch.]。

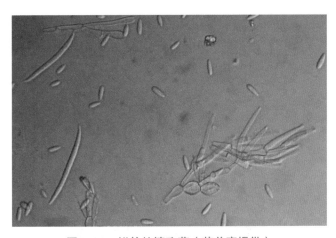

图2-14　拟轮枝镰孢菌（苏前富提供）

【发生规律】以菌丝体和分生孢子在叶片、苞叶、穗轴，特别是未发育的次生果穗残体上越冬。越冬后或新形成的分生孢子，借气流传播到新的果穗上侵染。干旱、温暖的气候有利于穗粒腐病的扩展和流行。当玉米受霜冻、根伤、干旱或病虫鸟为害及籽粒生理性破裂和人为造成破裂，均有利于病菌侵染。穗粒腐病与种植感病品种、丰肥、寡照、荫蔽、高湿等环境密切相关。玉米贮藏过程中，常因籽粒含水量高、自然带菌率高、通风干燥不良等，进一步引起籽粒变色腐败，并在籽粒内产生真菌毒素，人畜误食后引起中毒。

【防治方法】①选用抗病品种。②加强田间管理，适期早播，于玉米拔节或孕穗期增施钾肥或氮、磷、钾肥配合施用，增强抗病力。③及时防治病虫鸟害，重点防治玉米螟危害。④秋季及时早收，充分晾晒，使籽粒含水量降低到18%以下再入库。⑤加强储藏期管理，防治籽粒霉变。

八、玉米粗缩病（Maize Rough Dwarf Disease）

【症状】玉米粗缩病病株严重矮化，仅为健株高的1/3~1/2，叶色深绿，宽短质硬，呈对生状，叶背面侧脉上现蜡白色凸起物，粗糙明显。有时叶鞘、果穗苞叶上具蜡白色条斑（图2-15）。病株分蘖多，根系不发达易拔出。轻者虽抽雄，但半包被在喇叭口里，雄穗败育或发育不良，花丝不发达，结实少，重病株多提早枯死或无收。

图2-15　玉米粗缩病（石洁提供）

【病原】玉米粗缩病毒（Maize rough dwarf virus，简称MRDV），属病毒。病毒粒体球形，大小60~70nm，存在于感病植株叶片的凸起部分细胞中。钝化温度80℃，20℃可存活37天。

【发生规律】主要靠灰飞虱（*Delphacodes striatella*）传毒，潜伏期10~20天。灰飞虱成虫和若虫在田埂地边杂草丛中越冬，翌春迁入玉米田，此外冬小麦也是该病毒越冬场所之一。春季带毒的灰飞虱把病毒传播到返青的小麦上，然后再传到玉米上。玉米5叶期前易感病，10叶期抗性增强。该病发生与带毒灰飞虱数量及栽培条件相关，玉米出苗至5叶期如与传毒昆虫迁飞高峰期相遇易发病。套种田、早播田及杂草多的玉米田发病重。

【防治方法】①加强监测和预报，指导大田防治。②选用抗病品种。③避免与灰飞虱盛发期吻合，造成灰飞虱传毒。④玉米播种前或出苗前大面积清除田间、地边杂草，减少毒源。⑤加强田间管理，合理施肥、灌水，减少传毒机会，提高玉米抗病力。⑥化学防治，可用40%甲基异柳磷按种子量的0.2%拌种或包衣；同时加入2.5%适乐时或20%三唑酮（按种子量的0.1%拌种）兼防玉米黑粉等病害；玉米出苗后每亩用10%吡虫啉15~20g喷雾防治灰飞虱。

第三节　玉米虫害

世界上为害玉米的害虫有300多种，在我国玉米生产中发生的害虫有250余种，其中发生频率高、为害严重的虫害有30余种，包括玉米螟、黏虫、棉铃虫、蓟马和地老虎等。

一、二点委夜蛾

【形态特征】二点委夜蛾是玉米上一种新害虫，成虫前翅上有两个黑点，外缘黑点外侧还紧邻一个小白点。幼虫1.4~1.8cm长，黄灰色或黑褐色，幼虫一般缩成"C"字形（图2-16）。

A

B

图2-16　二点委夜蛾成虫（A）和幼虫（B）

【为害状】二点委夜蛾一般不入土，而是藏匿于麦秸麦糠等田间堆积物下。为害玉米的根和茎基部，从一侧开始咬食玉米根，或咬食玉米茎基部，形成孔洞。为害状有萎蔫株、枯心苗和倒伏植株，小苗萎蔫死亡，大苗倒伏。

【发生规律】幼虫6月下旬至7月上旬为害夏玉米。一般顺垄为害，有转株为害习性；有群居性。幼虫在田间分布与麦秸有关。虫龄不整齐，大小混合。二点委夜蛾喜阴暗潮湿畏惧强光，一般在玉米根部或者湿润的土缝中生存，遇到声音或药液喷淋后呈"C"形假死，高麦茬厚麦糠为二点委夜蛾大发生提供了主要生存环境。二点委夜蛾比较厚的外壳使药剂难以渗透是防治的主要难点，世代重叠发生是增加防治次数的主要原因。

【防治方法】①及时人工除草和化学除草，清除麦茬和麦秆残留物，减少害虫滋生环境条件。②提高播种质量，培育壮苗，提高抗虫能力。③化学防治：每亩用4~5kg炒香的麦麸或粉碎后炒香的棉籽饼，与兑少量水的90%晶体敌百虫，或用48%毒死蜱乳油500g拌成毒饵，在傍晚顺垄撒在玉米苗边；每亩用80%敌敌畏乳油300~500mL拌25kg细沙土，早晨顺垄撒在玉米苗边，防效较好；每亩用48%毒死蜱乳油1kg，在浇地时灌入田中或用直喷头喷根茎部，还可选用30%乙酰甲胺磷乳油1 000倍液、4.5%高效氯氰菊酯1 000倍液等，每株50mL药液，渗到玉米根围30cm左右害虫藏匿地方。

二、蓟马

【形态特征】别名禾蓟马，瘦角蓟马，雌成虫体长1.3~1.5mm，褐色至黑褐色。触角8节，第3、第4节黄色，其余黑褐色。单眼间鬃位于单眼连线外缘。胸部色较浅，前胸背板前角各具1根长鬃，前缘中央有鬃1对；后角各有2对长鬃，后缘有3对缘鬃。足有腿节端部以后黄色至黄褐色。前翅淡黄，上脉鬃18~20根，连续排列，后脉鬃14~15根。第8腹节栉毛不

图2-17 蓟马

完整。雄虫触角和足全为黄色。卵肾形，乳白至淡黄色。若虫黄褐色，与成虫相似，前期无翅芽，后期有翅芽，触角第1至3节基部及第3节末端白色（图2-17）。

【为害状】以若虫、成虫在心叶内为害，锉吸汁液，当叶片展开后也可为害，为害后叶片呈现许多银灰色斑。玉米发生心叶不能展开，扭成牛尾巴状，以成、若虫锉吸叶片汁液，并分泌毒素，抑制玉米生长，植株黄化，扭曲。被害植株叶片上出现成片的银灰色斑，叶片褪绿发黄，部分叶片畸形、破裂、不能展开，使拔节无法进行，严重影响玉米苗的正常生长。

【发生规律】一年1~10代。在禾本科杂草根基部和枯叶内越冬，翌年5月中下旬迁到玉米上为害。趋光性和趋蓝性强，喜在幼嫩部位取食。春播和早夏播玉米田发生重。玉米苗期对蓟马为害最为敏感。近年来，随着耕作制度的变化，特别是玉米播期的多样化，为其发生提供了适宜的寄主条

件，其发生为害逐年呈上升趋势。有时会将此种为害状与病毒病混淆。

【防治方法】玉米苗期可亩用10%吡虫啉可湿性粉剂20g或4.5%高效氯氰菊酯乳油、25%星科乳油30~45mL兑水30kg喷雾防治。

三、玉米螟

【形态特征】又名钻心虫，成虫黄褐色。雄蛾体长10~13mm，翅展20~30mm，体背黄褐色，腹末较瘦尖，触角丝状，灰褐色，前翅黄褐色，有两条褐色波状横纹，两纹之间有两条黄褐色短纹，后翅灰褐色；雌蛾形态与雄蛾相似，色较浅，前翅鲜黄，线纹浅褐色，后翅淡黄褐色，腹部较肥胖。卵扁平椭圆形，数粒至数十粒组成卵块，呈鱼鳞状排列，初为乳白色，渐变为黄白色，孵化前卵的一部分为黑褐色（为幼虫头部，称黑头期）。老熟幼虫体长25mm左右，圆筒形，头黑褐色，背部颜色有浅褐、深褐、灰黄等多种，中、后胸背面各有毛瘤4个，腹部1~8节背面有两排毛瘤前后各两个。蛹长15~18mm，黄褐色，长纺锤形，尾端有刺毛5~8根（图2-18）。

A   B

图2-18 亚洲玉米螟成虫雌蛾（A）和幼虫（B）（王振营提供）

【为害状】在玉米心叶期，初孵幼虫大多爬入心叶内，群聚取食心叶叶肉，留下白色薄膜状表皮，呈花叶状；二、三龄幼虫在心叶内潜藏为害，心叶展开后，出现整齐排孔；四龄后陆续蛀入茎秆中为害。蛀虫口常堆有大量粪屑。蛀孔处易折断。

【发生规律】一般一年发生三代，一代主要为害春玉米；二代在7月中下旬为害夏玉米的心叶和茎秆；三代为害穗部。受害玉米可减产10%，严重地块可减产30%~50%。

【防治方法】①心叶期防治：在玉米心叶末期，即7月下旬（大喇叭口期），每亩取1.5%辛硫磷颗粒剂1.5~2kg加细沙8~10kg混匀撒入喇叭口。Bt、白僵菌等生物制剂心叶内撒施或喷雾。每亩用白僵菌20g拌河沙2.5kg，心叶施；在玉米螟卵期，释放赤眼蜂2~3次，每亩释放1万~2万头。②穗期防治：8月中下旬，每亩用50%辛硫磷400~600倍喷雾防治，或在授粉结束花丝变黑后，剪去花丝，在穗顶上抹上药泥（每亩用辛硫磷0.5kg，兑水75kg溶开，再加入135kg黏土调成泥浆即成）。

四、地老虎

【形态特征】卵馒头形，直径约0.5mm、高约0.3mm，具纵横隆线。初产乳白色，渐变黄色，孵化前卵一顶端具黑点。幼虫圆筒形，老熟幼虫体长37~50mm、宽5~6mm。头部褐色，具黑褐色不规则网纹；体灰褐至暗褐色，体表粗糙、布大小不一而彼此分离的颗粒，背线、亚背线及气门线均黑褐色；前胸背板暗褐色，黄褐色臀板上具两条明显的深褐色纵带；胸足与腹足黄褐色。成虫体长17~23mm、翅展40~54mm。头、胸部背面暗褐色，足褐色，前足胫、跗节外缘灰褐色，中后足各节末端有灰褐色环纹。前翅褐色，前缘区黑褐色，外缘以内多暗褐色；基线浅褐色，黑色波浪形内横线双线，黑色环纹内有一圆灰斑，肾状纹黑色具黑边、其外中部有一楔形黑纹伸至外横线，中横线暗褐色波浪形，双线波浪形外横线褐

色，不规则锯齿形亚外缘线灰色、其内缘在中脉间有3个尖齿，亚外缘线
与外横线间在各脉上有小黑点，外缘线黑色，外横线与亚外缘线间淡褐
色，亚外缘线以外黑褐色。后翅灰白色，纵脉及缘线褐色，腹部背面灰色
（图2-19）。

A B

图2-19 小地老虎成虫（A）和幼虫（B）（王振营提供）

【为害状】主要以幼虫为害幼苗。幼虫将幼苗近地面的茎部咬断，使
整株死亡，造成缺苗断垄。种群分布3龄前的幼虫多在土表或植株上活动，
昼夜取食叶片、心叶、嫩头、幼芽等部位，食量较小。3龄后分散入土，白
天潜伏土中，夜间活动为害，有自残现象。

【发生规律】全国各地发生世代各异，发生代数由北向南逐渐增加，
东北地区1~2代，广西、南宁5~6代。该虫无滞育现象，在我国广东、广
西、云南全年繁殖为害，无越冬现象；在长江流域以老熟幼虫和蛹在土壤
中越冬，成虫在杂草丛、草堆、石块下等场所越冬。成虫是一种远距离迁
飞性害虫，昼伏夜出，进行取食、交尾和产卵。幼虫多数为6龄，少数为
7~8龄，晚上出来活动取食。

【防治方法】①除草灭虫。杂草是地老虎产卵的场所，也是幼虫向作
物转移为害的桥梁。因此，春耕前进行精耕细作，或在初龄幼虫期铲除杂

草，可消灭部分虫、卵。②诱杀成虫。用糖、醋、酒诱杀液或甘薯、胡萝卜等发酵液诱杀成虫。③诱捕幼虫。用泡桐叶或莴苣叶诱捕幼虫，于每日清晨到田间捕捉；对高龄幼虫也可在清晨到田间检查，如果发现有断苗，拨开附近的土块，进行捕杀。④化学防治。对不同龄期的幼虫，应采用不同的施药方法。幼虫3龄前用喷雾，喷粉或撒毒土进行防治；3龄后，田间出现断苗，可用毒饵或毒草诱杀。利用毒土或毒沙，施于幼苗根际附近。

五、黏虫

【形态特征】黏虫卵半球形，直径0.5mm，初产时乳白色，表面有网状脊纹，孵化前呈黄褐色至黑褐色。卵粒单层排列成行，但不整齐，常夹于叶鞘缝内，或枯叶卷内。老熟幼虫长36~40mm，体色黄褐到墨绿色。头部红褐色，头盖有网纹，额扁，头部有棕黑色"八"字纹。背中线白色较细，两边为黑细线，亚背线为红褐色。黏虫成虫体色呈淡黄色或淡灰褐色，体长17~20mm，翅展35~45mm，触角丝状，前翅中央近前缘有2个淡黄色圆斑，外侧环形圆斑较大，后翅正面呈暗褐，反面呈淡褐，缘毛呈白色，由翅尖向斜后方由1条暗色条纹，中室下角处有1个小白点，白点两侧各有1个小黑点（图2-20）。

A　　　　　　　　　　　　　B

图2-20　黏虫成虫雄蛾（A）和幼虫（B）（王振营提供）

【为害状】3龄前的黏虫幼虫多集中在叶片上取食，可将玉米、高粱、谷子的幼苗叶片吃光，只剩下叶脉。3龄后咬食叶片呈缺刻状，或吃光心叶，形成无心苗；5~6龄达暴食期，或将整株叶片吃掉只剩叶脉，造成严重减产，甚至绝收（图2-21）。也可为害果穗。

【发生规律】一年发生2~8代，为迁飞性害虫，在33°N以北地区不能越冬，长江以南以幼虫和蛹在稻桩、杂草、麦田表土下等处越冬。翌年春天羽化，迁飞至北方为害，成虫有趋光性和趋化性。幼虫畏光，白天潜伏在心叶或土壤中，傍晚爬到植株上为害，幼虫成群迁移为害。

【防治方法】①诱杀防治：从黏虫成虫羽化初期开始，用糖醋液或黑光灯或枯草把诱杀成虫或诱卵灭卵。②化学防治：每亩可选用5%氟虫脲（卡死克）乳油50~75mL，或用25%灭幼脲悬浮剂30~40mL，或用20%除虫脲悬浮剂5~10mL，兑水50kg均匀喷雾。应急防控每亩4.5%高效氯氰菊酯乳油1 000~1 500倍，48%毒死蜱乳油1 000倍液，3%啶虫脒乳油1 500~2 000倍液喷雾。

图2-21　黏虫为害状（王振营提供）

六、桃蛀螟

【形态特征】卵长椭圆形，稍扁平，长径0.6~0.7mm，短径0.3mm。初产时乳白色，近孵从呈红褐色，卵面细密而不规则纹。末龄幼虫体长18~25mm。头暗褐色，前胸背板、臀板黄褐至黑褐色。作背暗红、淡灰褐色。中、后胸及1~8腹节，各有不规则圆形的黑褐色毛片8个，排成两列。前列6个，后列2个。成虫体长9~14mm，翅展25~28mm。全体橙黄色。前翅正面散生27~28个大小不等的黑斑；后翅有15~16个黑斑。雌蛾腹部末端圆锥形。雄蛾腹部末端有黑色毛丛（图2-22）。

A

B

图2-22 桃蛀螟成虫（A）和幼虫（B）王振营提供

【为害状】桃蛀螟食性杂，寄主植物达40余种。桃蛀螟幼虫不仅蛀食果实，影响果实发育，导致变色、脱落、流胶和落果，而且在果内排泄粪便，对果实产量、品质和商品价值等造成严重影响（图2-23）。

【发生规律】一年发生2~5代，以老熟幼虫在寄主的秸秆或树皮缝隙

图2-23 桃蛀螟为害状（王振营提供）

中作茧越冬，翌年化蛹羽化，世代重叠严重。成虫有趋光性、趋化性。卵多单粒散产在穗上部叶片、花丝及其周围的苞叶上。

【防治方法】①秸秆粉碎、减少越冬虫源。②用频振式杀虫灯、黑光灯、糖醋液、性外激素诱杀成虫，减少田间落卵量。③玉米大喇叭口期在心叶内撒施颗粒剂，例如：3%广灭丹颗粒剂，每亩1~2kg，3%丁硫克百威，每株1~2g；或用3%辛硫磷颗粒剂，每株2g。

七、草地贪夜蛾

【形态特征】卵半球形，卵块聚产在叶片表面，每卵块含卵100~300粒，有时成Z层。卵块表面有鳞毛覆盖，初为浅绿或白色，孵化前变为棕色。幼虫初孵时全身绿色，具黑线和斑点。生长时，仍保持绿色或成为浅黄色，并具黑色背中线和气门线。密集时种群密度大，末龄幼虫在迁移期几乎为黑色。老熟幼虫体长35~40mm，在头部具黄色倒"Y"形斑，黑色背毛片着生原生刚毛（每节背中线两侧有2根刚毛）。腹部末节有呈正方形排列的4个黑斑。幼虫有6个龄期，偶为5个。成虫粗壮，灰棕色，翅展32~38mm；雌虫前翅灰色至灰棕色，雄虫前翅更黑，具黑斑和浅色暗纹；后翅白色。草地夜蛾后翅翅脉棕色并透明，雄虫前翅浅色圆形，翅痣呈明显的灰色尾状突起（图2-24）。

【为害状】幼虫取食叶片可造成落叶，其后转移为害。有时大量幼虫以切根方式为害，切断种苗和幼小植株的茎，造成很大损失。在玉米果穗上，幼虫可钻入为害。取食玉米叶时，留有大量孔。低龄幼虫取食后，叶脉成窗纱状。老龄幼虫与切根虫一样，可将30日龄的幼苗沿基部切断。幼虫可钻大孕穗植物的穗中，为害番茄等植物时，可取食花蕾和生长点，并钻入果实中。种群数量大时，幼虫如行军状，成群扩散（图2-25）。

图2-24　草地贪夜蛾成虫雄蛾（A）、卵（B）和幼虫（C）（王振营提供）

图2-25　草地贪夜蛾为害状（王振营提供）

【发生规律】草地贪夜蛾属杂食性和远距离迁飞性害虫，最主要的寄主是玉米和高粱。没有滞育现象，适宜地区周年繁殖，一年发生多代；发育适合温度范围广，在28℃条件下，约30天完成一个世代；在低温条件下，需要60~90天才能完成一个世代。

【防治方法】①设立重点监测点，结合高空测报灯、黑光灯、性诱监测成虫迁飞数量和动态。②生物防治：在卵孵化初期选择喷施白僵菌、绿僵菌、苏云金杆菌制剂以及多杀菌素、苦参碱、印楝素等生物农药。③化学防治：在应急情况下采用化学防治，在玉米出苗至大喇叭口期防控1~3龄幼虫，可使用10%虫螨腈悬浮剂、2%甲维盐微乳剂、20%氯虫苯甲酰胺悬浮剂、5.7%氟氯氰菊酯微乳剂、60g/L乙基多杀菌素悬浮剂进行全株均匀喷雾防治；在成虫发生期，集中连片使用杀虫灯诱杀，可搭配性诱剂和食诱剂提升防治效果。

第四节　玉米草害

玉米田间的杂草种类繁多，大约有130种，隶属于30科，玉米田间杂草是影响玉米产量的主要因素之一。杂草通过与玉米竞争土壤营养、水分和光照影响玉米的产量；而田间杂草增加田间湿度，有利于病害的发生，而且田间杂草也是病虫越冬越夏的重要场所；同时杂草还能影响农事操作。杂草为害不仅会降低玉米的产量、品质，而且增加农民投入。认识玉米田间杂草的种类、群落组成、分布为害是科学使用除草剂的重要基础，也是安全高效防除杂草的关键。

一、杂草种类

我国常见玉米田杂草有39种，分属16科，其中禾本科5种，占12.82%；

菊科9种，占23.08%；单子叶杂草6种，占15.38%；阔叶杂草32种，占82.05%；其他杂草1种，占2.56%。其中一年生杂草26种，占66.67%；多年生杂草13种，占33.33%。出现频度较高的杂草有稗草、苣荬菜、小蓟、酸模叶蓼、苘麻、水棘针、反枝苋、藜、本氏蓼和铁苋菜。密度较大的杂草有稗草、狗尾草、苣荬菜、芦苇、凹头苋、苘麻、反枝苋、藜、本氏蓼和铁苋菜。从杂草发生种类看，阔叶杂草是目前玉米田的主要杂草；从单一杂草品种来看，以禾本科稗草发生最重。

二、杂草群落

不同地区杂草群落有所不同。吉林东部山区、半山区为害较严重的杂草有本氏蓼、藜、苣荬菜、马唐、鸭跖草、苘麻、反枝苋、水棘针、铁苋菜、稗草、狗尾草和苍耳等，这些杂草已在不同程度上成为东部山区半山区的优势与亚优势杂草。中部松辽平原区为害较严重的杂草有稗草、苣荬菜、小蓟、苘麻、酸模叶蓼、反枝苋、本氏蓼、藜、铁苋菜、狗尾草等，这些杂草已成为中部松辽平原区的优势与亚优势杂草。西部半干旱平原区为害较严重的杂草有苣荬菜、马唐、小蓟、本氏蓼、稗草、藜、反枝苋、苘麻、山苦菜、狗尾草和芦苇等，这些杂草已成为当地的优势或亚优势杂草群落。

河北省夏玉米田的杂草群落可分为冀中南山前平原和黑龙港地区两种类型。冀中南山前平原杂草群落中各草种间联系紧密，群落结构较黑龙港地区复杂，并且冀中南山前平原夏玉米田的优势杂草在群落中的相对优势度较低，各草种在该地区分布的均匀程度较高。优势杂草有马唐、狗尾草、牛筋草、铁苋菜、反枝苋和打碗花，其中马唐和牛筋草的相对优势度变化不大，说明近年该地区夏玉米田杂草群落的种类组成比较稳定，但是狗尾草、反枝苋和打碗花在群落中的相对优势度上升明显，铁苋菜和马齿苋则有所下降，说明近年该地区的杂草群落在结构上有一定改变。

河南玉米田杂草有10科17种，其中禾本科6种占35.29%，莎草科1种占5.8%，阔叶杂草10种占58.82%。一年生杂草1种占5.8%，多年生杂草16种占94.2%。17种杂草中，相对多度达15以上的杂草有马唐、马齿苋、狗尾草、牛筋草、画眉草、自生麦苗、香附子、田旋花、铁苋菜等10种。其中，马唐、狗尾草、牛筋草和马齿苋的田间频率均为100；田间密度达到1株/m²的有7种，分别为马唐、狗尾草、牛筋草、画眉草、自生麦苗和田旋花等；马唐、狗尾草和马齿苋的田间密度明显高于其他杂草，分别达到4.69、2.68和2.54；显然，马唐、马齿苋和狗尾草是河南杂草群落的优势种群。

三、杂草发生与为害

不同地区玉米田主要杂草发生为害频度不同。以吉林为例，龙葵、田旋花、铁苋菜、反枝苋、本氏蓼在各地区为害的差异不显著，但鸭跖草、苘麻和苣荬菜在东部地区发生为害的频度明显高于其他地区，稗草、水棘针在中部地区发生为害的频度明显高于其他地区。芦苇在西部地区发生为害的频度明显高于其他地区。苍耳在中部东部发生较轻，但在西部发生较重。苘麻在东部和中部发生程度类似，但在西部较轻；狗尾草在西部发生较重，在东部和中部发生较轻。

杂草的发生与多种因素有关，灌水或降雨可以加快杂草的发生，易形成草荒，而干旱时出苗会相对不整齐。不同栽培管理条件下，玉米田的杂草发生种类和数量有所不同。即使同一地区，不同耕作条件下，杂草优势种群会发生变化。因此，还应加强对不同生态条件下的杂草生长进行研究。

四、杂草防治

杂草防治首先要合理选用植物油型喷雾助剂，能够提高除草效果，减少除草剂用药量，减少喷雾用水量，减少雾滴漂移，且对作物安全。玉米田周边杂草种类多、发生量大，既有禾本科杂草，又有莎草及阔叶杂草，既有一年生、越年生杂草，又有多年生杂草。针对以上特点，可采取种植豆科作物，抑制杂草的发生；也可采取人工清除，或使用草甘膦、草铵膦等灭生性除草剂进行防除。玉米田杂草防治具体方法如下。

（1）播种前灭生性除草，在玉米播种前杂草萌发出土较多的地块，可选用草甘膦、草铵膦等灭生性除草剂进行喷雾除草。

（2）播后苗前土壤封闭除草，推荐使用90%、99%乙草胺乳油，72%、96%精异丙甲草胺乳油，90%莠去津水分散粒剂，38%莠去津悬浮剂，25%噻吩磺隆可湿性粉剂，87.5% 2,4-滴异辛酯乳油，57% 2,4-滴丁酯乳油，90%乙草胺乳油或96%精异丙甲草胺乳油+75%噻吩磺隆，67%异丙·莠去津悬浮剂，40%乙·莠乳油，50%嗪酮·乙草胺乳油等药剂，于玉米播种后出苗前，兑水均匀喷雾。

（3）玉米苗后杂草茎叶喷雾除草，推荐使用30%苯吡唑草酮悬浮剂，10%硝磺草酮悬浮剂，4%、6%、8%烟嘧磺隆悬浮剂，90%莠去津水分散粒剂，38%莠去津悬浮剂，25%辛酰溴苯腈乳油，硝磺·莠去津、烟嘧·莠去津混配制剂，莠去津与苯吡唑草酮、烟嘧磺隆与辛酰溴苯腈混用，于玉米3~5叶期，杂草2~4叶期，兑水均匀喷雾。烟嘧磺隆不能用于甜玉米、糯玉米及爆裂玉米田，不能与有机磷类农药混用，用药前后7天内不能使用有机磷类农药。

（4）中后期定向除草，针对各种原因造成的玉米生长中后期杂草萌发情况，可选用25%砜嘧磺隆水分散粒剂，进行玉米行间定向喷洒，施药时喷头应加装保护罩，避免喷溅到玉米植株上产生药害。

第三章　转基因玉米研发

转基因技术是提升玉米发展潜力的重要途径，转基因抗虫耐除草剂玉米、抗旱玉米、高赖氨酸玉米已在美国、阿根廷、巴西等国家得到广泛应用，并带来巨大的经济效益。自1996年抗虫转基因玉米商业化以来，转基因玉米已从第一代的单基因性状发展为第二代的多基因性状，抗逆、优质、专用的第三代转基因玉米产品已经陆续进入产业化或者产业化准备阶段。我国转基因玉米研究始于20世纪80年末期，截至2019年，我国在抗虫、耐除草剂、抗逆、品质改良产品研发方面取得重要进展。转基因技术品种研发与应用将成为新时期推动我国玉米生产发展和保障粮食安全的重要支撑。

第一节　玉米转基因性状类型

全球转基因玉米应用实践表明，抗虫、耐除草剂和抗旱等转基因玉米种植能够显著提高玉米的抗虫、耐除草剂和抗旱能力，从而增加玉米产量，减少生产成本，促进农业增效。目前，全球种植的转基因玉米主要包括抗虫、耐除草剂、抗旱、雄性不育、品质改良等。

一、抗虫转基因玉米

抗虫转基因玉米是将来源于土壤微生物苏云金芽孢杆菌（*Bacillus thuringiensis*，Bt）基因通过转基因技术导入玉米基因组中，进而培育成转基因株系，与对照相比，转基因株系各组织器官的抗虫性能得到大幅度提高（图3-1、图3-2）。1996年，转Bt基因抗虫玉米首次在美国被批准应用，迄今已有40余种转Bt基因玉米被批准商业化生产，并且种植面积逐年增加，已成为防治玉米螟等害虫的有效途径。抗虫基因主要包括编码杀虫晶体蛋白（Insecticidal crystal proteins，ICPs）的Cry类和Cyt类基因、编码营养期杀虫蛋白（Vegetative Insecticidal Proteins，VIPs）的Vip类基因等。其中，Cry类基因应用最为广泛，主要有*Cry1Ab*、*Cry1Ac*、*Cry1Fa*、*Cry2Ab2*、

A   B

图3-1　抗虫转基因玉米（A）和非转基因玉米（B）田间接玉米螟虫后的叶片对比
（图片来源于中国农业大学）

Cry3Bb1、*Cry34Ab1*、*Cry35Ab1*等，主要杀虫谱是鳞翅目和鞘翅目昆虫；Cyt类基因主要有*Cyt1Aa*、*Cyt1Ab*、*Cyt1Ba*、*Cyt2Aa1*、*Cyt2Ba1*等，主要杀虫谱为双翅目，部分基因的杀虫谱为鳞翅目和鞘翅目，如*Cyt1Aa*。截至目前，商业化的抗虫基因主要是防治玉米螟的*Cry1Ab/c*、*Cry1F*、*Cry2A*、*Vip3A*等。

图3-2 抗虫转基因玉米（左）和非转基因玉米（右）田间接玉米螟虫后的果穗对比

（图片来源于中国农业大学）

二、耐除草剂转基因玉米

耐除草剂转基因玉米是将除草剂抗性基因（如抗草甘膦、烟嘧磺隆、咪唑啉酮、草铵膦/草丁膦、2，4-D、稀禾定等）转入玉米基因组，进而培育出转基因耐除草剂玉米。种植耐除草剂转基因玉米的田间可以喷施除草剂，转基因玉米由于具有耐除草剂特性，不会受到除草剂的药害，杂草因没有除草剂抗性或抗性较低而死亡，最终达到除草的目的（图3-3）。耐除草剂转基因玉米种植能够免除人工除草，大大减少劳动力投入，降低生产成本，同时还可以减少人工除草所带来的对玉米生产影响而提高产量。

目前，商业化种植的耐除草剂转基因玉米主要是耐草甘膦玉米。草甘膦（Glyphosate）是由孟山都公司在1970年研发的除草剂，具有良好内吸收性，能够快速到达生长点等特性，是一种土壤友好型的除草剂。全球种植耐草甘膦玉米占世界总种植面积的30%以上。1996年，DeKalb公司注册耐草甘膦（又称农达）的玉米转化体GA21；1998年，GA21获商业化种植；2000年，孟山都公司推出第二代抗草甘膦玉米NK603。

喷草甘膦前

喷草甘膦
30天后

未喷施草甘膦　　　喷施草甘膦　　　未喷施草甘膦　　　喷施草甘膦

图3-3　耐除草剂转基因玉米和非转基因玉米田间喷洒除草剂对比情况

（图片来源于中国农业大学）

三、抗旱转基因玉米

抗旱转基因玉米是将抗旱相关基因转入玉米基因组，进而培育出抗旱性大大提升的转基因玉米。抗旱转基因玉米的种植能够减少干旱对玉米产量的影响，同时还能够提高水资源利用效率。孟山都公司利用源于枯草芽孢杆菌（*Bacillus subtilis*）中的RNA分子伴侣基因*cspB*，培育出抗旱玉米

MON87460。在人工控制的干旱环境下，转基因玉米较非转基因对照每亩[①]增产100斤[②]左右，产量增加15%以上。2011年12月，美国农业部动植物卫生检疫局（APHIS）正式批准MON87460商业化种植，2012年在美国西部干旱州种植6万亩，2013年种植超过30万亩抗旱玉米。通过两年大面积种植示范推广，在美国中西部干旱地区，抗旱转基因玉米较当地大面积推广品种（亩产205~512.5kg）亩产能够提高20.5kg以上。2014年抗旱转基因玉米在美国中西部地区的种植面积达到300万亩以上。

四、雄性不育制种转基因玉米

通过转基因方法，将育性恢复基因和种子筛选标记基因同时转入雄性不育玉米基因组，获得能够生产非转基因雄性不育系的转基因株系。雄性不育转基因玉米主要用于玉米雄性不育制种技术，克服了细胞质不育系恢复难和不育细胞质资源狭窄等缺点，免除了人工或机械去雄程序，降低制种成本和风险，提高制种质量，是玉米雄性不育制种技术的重大突破。该技术使用的基因包括雄性不育恢复基因（如 *Ms45*、*Ms26*）、标记基因（如红色荧光蛋白基因 *DsRed2*）、籽粒大小基因 *mn1* 等。为提升不育系产率，还可以增加花粉败育基因，如 *zm-aa1*。美国杜邦先锋公司利用该技术实现了核不育化制种（Seed Production Techonology，SPT）。美国农业部、日本食品卫生审议会、澳大利亚和新西兰食品标准局等组织已批准SPT技术生产的不育系和杂交种无须受到转基因条例的监管。我国也启动雄性不育转基因玉米的研发，将控制玉米雄性育性基因和玉米籽粒大小基因连在一起转入玉米的雄性不育系基因组，在杂交果穗上可以同时得到大量不育系和保持系种子，只需要通过机械分选方法便可以分别获得不育系和保持系种子（图3-4）。该方法具有筛选简便和精度高的双重优点，在不育化制种中

---

① 1亩≈667m²。全书同。

② 1斤=500g。全书同。

具有很好的应用前景。目前，已经商业化的转化体有美国杜邦先锋公司研制的DP32138-1等。

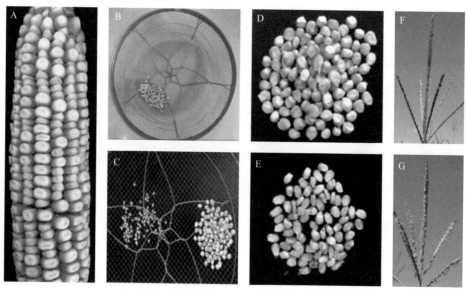

图3-4　核不育化制种过程说明（图片来源于中国农业大学）

A：大小籽粒分离果穗。B和C：不育系和保持系分选结果。
D和F：不育系的籽粒和雄穗育性。E和G：保持系的籽粒和雄穗育性。

五、品质改良转基因玉米

品质改良转基因玉米是通过转基因技术提高玉米籽粒或其他组织器官的营养成分，进而改善和提高玉米品质。目前，主要品质改良性状有以下几种。

1. 高赖氨酸玉米

玉米作为饲料的主要来源，缺乏人体及单胃动物生长发育必需的赖氨酸和色氨酸，在作为饲料时必须额外添加赖氨酸等必需氨基酸才能够满足畜禽的正常生长。国际上通过转基因方法获得高赖氨酸转基因玉米品种，目标基因有来源于微生物的谷氨酸棒状杆菌（*Corynebacterium glutamicum*）基因*cordapA*，该基因编码一种对赖氨酸不敏感的酶——二氢吡啶二羧酸合酶（lysine-insensitive dihydropicolinate synthase，cDHDPS），是一种在赖氨酸合成途径中的调控酶，对赖氨酸反馈抑制不敏感，进而提高籽粒赖氨酸的含量。目前，含有该基因的转化体已经在美国、加拿大、日本等国获得商业化种植许可。

2. 耐高温淀粉酶玉米

玉米除用于动物饲料和人类食品外，也用来生产乙醇作为生物燃料而替代石油。淀粉分子水解是从玉米中生产乙醇的第一步，在玉米中表达的α-淀粉酶能够提高水解效率，而且该酶可以耐高温达105℃左右。

3. 高植酸酶玉米

高植酸酶玉米可以减少无机磷使用，延缓磷矿资源的枯竭，显著节省成本，还可以增进牲畜对铁、锌、钙、镁、铜、铬、锰等矿物质元素的吸收；高植酸酶玉米还能有效减少牲畜粪便中磷对环境造成的污染。

第二节　玉米遗传转化技术

转基因技术是指利用物理或者生物学等方法将一种生物的一个或几个功能基因转移到另一种生物体内，使该生物获得新功能并且能够稳定遗传到下一代的一项技术。转基因技术是科技进步成果。1856年奥地利科学家孟德尔揭示了生物性状是由遗传因子控制的规律，1910年美国科学家摩尔根建立了基因学说，1953年美国科学家沃森和英国科学家克里克提出DNA双螺旋结构模型，1973年基因克隆技术诞生，1983年利用转基因技术获得全球首例转基因烟草，1990年利用转基因技术获得第一株可育的转基因玉米，正式宣告转基因玉米的诞生。针对遗传转化技术而言，国内外主要工作集中在农杆菌介导法、基因枪轰击法、花粉管通道法和超声波处理法、子房注射法等。目前，全球范围内最为常用的遗传转化技术有基因枪轰击法和农杆菌介导法。

一、基因枪介导的玉米转基因技术

基因枪法是指用高压气体释放或者高压放电所产生的推力使携带外源目标基因的金属微颗粒（目前主要使用的是金粉颗粒）穿透植物的组织细胞，将外源基因导入细胞核内，整合进植物基因组中，实现遗传转化。目前常用的是高纯度气体推动的气动式基因枪，即靠高压气体喷发产生推力的加速装置，是Sanford等在火药枪基础上研制的换代产品。所用的惰性气体主要是氮气和氦气，其中氦气的压缩性能和安全性较好，是目前的首选气体。主要产品是Bio-Rad公司研制的PDS-1000/He（图3-5）。气动式基因枪特点是清洁、安全、可控度高，对植物细胞机械损害小，转化效率高，但基因枪相对价格较贵，操作成本较高，操作条件要求也较高。基因枪转化方法的受体类型非常广泛，主要有愈伤组织、幼胚、成熟胚、叶片、茎尖分生组织等具有潜在分化和再生能力的组织或细胞。目前，首选的受体组织一般为玉米胚性愈伤组织，通过基因枪导入目标基因以后，再通过愈伤组织分化培养获得转基因株系。

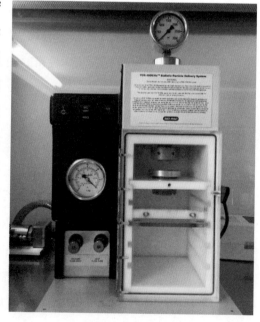

图3-5　基因枪装置

（图片来源于中国农业大学）

二、农杆菌介导的玉米转基因技术

农杆菌（*Agrobacterium tumefaciens*）是一种天然的植物基因转移系统，其含有的Ti或Ri质粒具有携带外源基因的功能。通过分子生物学方法和手段对农杆菌及其质粒进行改造，并加入外源目标基因，借助农杆菌对植物的感染特性将外源目标基因转入植物细胞内，最终完成基因转移过程。农杆菌介导的转基因技术具有转化机制清楚、导入的目标基因结构完整、拷贝数低、转基因结构变异小等优点。农杆菌介导的转基因技术已成为双子叶和部分单子叶植物常规的转化方法。最初，人们认为单子叶植物不在农杆菌的宿主范围之内，研究也表明，自然条件下农杆菌只能感染天南星科等少数单子叶植物，因而农杆菌介导的单子叶植物遗传转化研究进展缓慢。随着研究不断深入，迄今已发现农杆菌能侵染多种单子叶植物，特别是对玉米骨干自交系的转化近年来已经取得重大突破。

第三节　转基因玉米主要产品

截至目前，全球范围内种植的转基因玉米产品主要有抗虫转基因玉米、耐除草剂转基因玉米、抗虫耐除草剂转基因玉米、抗旱转基因玉米、品质改良转基因玉米。

一、抗虫转基因玉米产品

美国第一代抗虫转基因玉米已给世界玉米生产带来了巨大的经济效益，目前生产种植的抗虫转基因玉米产品主要有以下几种。

（1）MON810，该转化体的抗性基因为苏云金芽孢杆菌中的杀虫晶体蛋白基因*Cry1Ab*，该基因在玉米中的表达由35S启动子和hsp70增强子启动调控。美国孟山都公司利用基因枪法，将*Cry1Ab*基因导入玉米愈伤组织，通过筛选得到抗虫转基因株系，命名为MON810，目前该转化体已经获得25个国家和欧盟27个成员国的50个批文。

（2）MON89034，由美国孟山都公司研制。该转化体表达两个相互补充的基因*Cry2Ab2*和*Cry1A.105*，其中*Cry1A.105*由3个Bt基因（*Cry1Ab*，*Cry1Ac*和*Cry1F*）序列融合而成，通过农杆菌介导的玉米遗传转化技术将两个基因同时转到玉米组织细胞，育成抗虫转基因玉米株系MON89034。MON89034兼抗欧洲玉米螟和亚洲玉米螟以及其他鳞翅目害虫，相继在美国、日本、加拿大、韩国获得商业化种植或作为加工原料。

（3）5307，由原瑞士先正达公司通过农杆菌侵染幼胚转化获得的转基因玉米转化体。5307玉米拥有*eCry3.1Ab*和*pmi*两个外源基因，分别编码eCry3.1Ab抗虫蛋白和磷酸甘露糖异构酶（phosphomannose isomerise，PMI），主要对鞘翅目马铃薯甲虫（*Leptinotarsa decemlineata*）、玉米根叶甲虫（*Diabrotica virgifera virgifera*）、北方玉米根虫（*D. longicornis barberi*）和墨西哥玉米根虫（*D. virgifera zeae*）具有抗性。PMI蛋白为选择标记。5307玉米于2012年在美国和日本获得种植许可，2013年获得加拿大种植许可，并于2012年起陆续获得美国、加拿大、墨西哥、日本、澳大利亚、新西兰、俄罗斯、韩国等国家的食用或饲用商业化应用批准。

（4）瑞丰12-5、2A-7、CM8101，是我国培育出的具有自主知识产权的抗虫转基因玉米。其中，瑞丰12-5含有抗虫基因*Cry1Ab/Cry2Aj*，并于2020年1月获批生物安全证书，由杭州瑞丰生物科技有限公司和浙江大学培育而成。2A-7由中国农业大学利用农杆菌转化技术培育而成，2A-7含有的目标基因是密码子优化的*Cry1Ab*和*Cry2Ab*，2019年12月提交生物安全证书申请。CM8101含有抗虫基因*Cry1Ab*，由中国农业科学院作物科学研究所培育，目前已完成生产性试验。上述抗虫转化体高抗鳞翅目害虫玉米螟、草地贪夜蛾等。

除上述抗虫转基因玉米产品外，还有一些抗虫玉米转化体在全球范围内大面积种植，如由美国陶氏益农公司和先锋公司共同研发而成的TC1507（*Cry1F*），由先正达公司研制的抗虫玉米176（*Cry1Ab*），由美国迪卡公司研制的DBT418（*Cry1Ac*），由先正达公司研制而成的MIR162（*Vip3A*）和MIR604（*Cry3A*），由美国孟山都公司研制的MON80100（*Cry1Ab*）和MON863（*Cry3Bb1*）。

二、耐除草剂转基因玉米产品

耐除草剂转基因玉米产品能够有效防治田间杂草，减少生产成本，提高玉米生产效率。目前，商业化种植的耐除草剂转化体主要有以下几种。

（1）VCO-Ø1981-5，由加拿大Genective SA公司通过农杆菌侵染幼胚转化获得。VCO-Ø1981-5玉米含有*EPSPS grg23ace5*外源基因，编码修饰的5-烯醇丙酮莽草酸-3-磷酸合酶（5-enolpyruvylshikimate-3-phosphate synthase，EPSPS），该基因从球形节杆菌分离，EPSPS对草甘膦具有天然的抗性。VCO-Ø1981-5玉米自2013年起陆续获得美国、加拿大、墨西哥、日本、澳大利亚、新西兰、俄罗斯、韩国等国家的商业化应用批准，并于2014年在我国申请用作加工原料。

（2）NK603，耐除草剂草甘膦，由美国孟山都公司研发而成，通过农杆菌转化技术将*EPSPS*基因转入玉米组织细胞培育而成。该转化体已获得26个国家和欧盟28国的54个批文。

（3）GA21，耐草甘膦转基因玉米，由先正达公司通过基因枪转化技术将修饰的玉米*EPSPS*基因转入玉米中，通过筛选得到。目前该转基因玉米产品已经在美国、加拿大、巴西和阿根廷得到商业化种植许可；欧盟、日本、俄罗斯和澳大利亚也批准GA21玉米进口用作加工原料。

（4）MON832，耐草甘膦转基因玉米，由孟山都公司通过基因枪方法将抗草甘膦基因转入玉米选育而成。

（5）T14，由德国拜耳公司研制，转化的目标基因为*PAT*，编码草铵膦乙酰转移酶基因，耐受除草剂草铵膦。

（6）CC-2，抗草甘膦转基因玉米，由中国农业大学利用基因枪技术将抗草甘膦基因*EPSPS*转入玉米组织细胞中选育而成。目前，该转化体已提交安全证书申请。

（7）C0010.3.7，由北京大北农科技集团股份有限公司研发，在我国已经完成生产性试验。C0010.3.7经农杆菌介导转化而成，含有*EPSPS*和*PAT*基因表达盒，具有对除草剂草甘膦和草丁膦的耐受性。

（8）B16（DLL25），由美国迪卡公司转化抗草铵膦基因*PAT*所获得，草铵膦耐受除草剂。

三、抗虫耐除草剂转基因玉米产品

第一代转基因玉米主要是转入含抗虫或耐除草剂的单个性状基因，第二代转基因玉米将抗虫和耐除草剂两个性状聚合，进而获得同时抗虫和耐除草剂的转基因玉米产品。目前，抗虫耐除草剂有如下几种。

（1）SmartStax，该转化体是孟山都和陶氏公司共同开发的抗虫耐除草剂转基因玉米产品。SmartStax转基因玉米含有8个外源基因（*Cry1A.105*、*Cry2Ab*、*Cry1F*、*Cry3Bb1*、*Cry34Ab1*、*Cry35Ab1*、*CP4-EPSPS*和*PAT*），从3个性状（地面害虫防治、地下害虫防治和耐除草剂）实现对玉米的保护。这种多基因聚合产品既可以通过分子标记辅助选择将不同转基因中的少数基因聚合到一起，也可以通过同时转化多个基因的手段将其转入玉米，实现多基因聚合。

（2）Bt176，先正达公司开发的抗虫且耐草铵膦除草剂转基因玉米品种。美国农业部（USDA）于1994年受理该公司申请，1995年批准在美国种植。随后，日本（1996）、加拿大（1996）、阿根廷及欧盟成员国（1997）先后准许其无限制种植，Bt176玉米种植面积不断扩大。此外，美国（1995）、加拿大（1995）、日本（1996）及英国、丹麦、荷兰、瑞士和阿根廷等国分别批准Bt 176作为食物或饲料来源并可上市销售。

（3）Bt11，由瑞士先正达公司研制，目标基因包括抗虫基因*Cry1Ab*和耐除草剂基因*PAT*，是利用基因枪将两个基因同时转入玉米愈伤组织所获得的转基因玉米株系，既抗欧洲玉米螟，又耐草铵膦除草剂。该转化体获得24个国家和欧盟28国的50个批文。

（4）4114，由美国杜邦先锋公司开发的转基因抗虫耐除草剂玉米。4114玉米自2013年起陆续获得美国、韩国、墨西哥、日本、加拿大等国家和地区的商业化应用批准。

（5）DBN9936，由我国北京大北农科技集团股份有限公司研发，同时转入抗虫基因*Cry1Ab*和耐除草剂基因*EPSPS*，于2020年1月份获批生物安全证书，产业化前景较好。

除上述产品外，全球范围内大面积种植的转化体还包括：美国孟山都公司研制的MON802、MON809（含*Cry1Ab*、*EPSPS*基因）、MON88017（含*Cry3Bb1*、*EPSPS*基因），美国陶氏益农公司和先锋公司共同研制抗虫抗草铵膦转基因玉米59122（含*Cry34Ab1*、*Cry35Ab1*、*PAT*基因），美国陶氏益农公司和先锋公司共同研制的DAS-06275-8（含*Cry1F*、*PAT*基因），德国拜耳旗下安万特作物科学公司（Aventis CropScience）研发的CBH-351（含*Cry9C*、*PAT*基因）。

四、其他转基因玉米产品

相对于抗虫和耐除草剂转基因玉米，其他转基因玉米产品研发难度较大，目前市场上推广种植的产品相对较少，主要有以下几种。

（1）抗旱转基因玉米MON87460，是孟山都公司通过农杆菌介导将抗旱基因转入玉米筛选所得，2013年首次在美国种植5万hm^2，到2015年其种植面积已增长15倍以上，达到81万hm^2。

（2）耐高温淀粉酶玉米3272，是先正达公司通过农杆菌转化技术，把修饰后的淀粉酶基因（*amy797E*）转入玉米基因组而得。该基因在玉米籽粒中特异表达，能够生成高度热稳定的淀粉酶，因此，该转基因玉米可以在高温条件下直接用来生产乙醇，无须添加微生物源的淀粉酶制剂。该转化体已经在美国、日本和加拿大获得商业化种植许可，同时在韩国、菲律宾、俄罗斯、澳大利亚等国进口可作为饲料和加工原料。

（3）高赖氨酸玉米LY038，是由美国孟山都公司通过基因枪法转化而成。转化体含有目标基因*cordapA*，该基因来自谷氨酸棒状杆菌（*Corynebacterium glutamicum*），编码一种对赖氨酸不敏感的酶，调控赖氨酸合成途径，对赖氨酸反馈抑制不敏感。该转化体籽粒赖氨酸含量大幅提高。LY038于2005年首次在美国批准食用和饲用，目前已在菲律宾、澳大利亚、日本等国批准可食用、饲用和田间释放。

（4）高植酸酶玉米BVLA430101，由中国农业科学院生物技术研究所将来源于黑曲霉的*phyA2*基因通过基因枪转化技术转入玉米培育而成。转基因植株植酸酶表达量是野生型菌株的30倍，能够使动物和植物高效利用植酸磷。该转化体于2009年和2014年分别获得我国生物安全证书批准。

（5）其他转基因产品还包括雄性不育制种的转化体，主要用来生产玉米杂交种，实现核不育化制种，提高杂交种的纯度和降低杂交种生产成本。如美国杜邦先锋公司研制的DP32138-1转化体可以生产不含转基因成分的不育系，受到广泛关注。

第四章　转基因玉米环境安全性评价

第一节　生存竞争力

生存竞争力，尤其是杂草化风险，是转基因植物环境安全评价的重要内容。杂草化风险主要有两个途径：一是转基因植物自身杂草化，即转入的外源基因使转基因植物具有更强的适应能力和生存竞争力，因而提高了其演化成杂草的可能性；二是转基因植物野生近缘种的杂草化，即外源基因的花粉漂移至野生近缘种，并产生可育的杂交后代，使其适合度提高，从而演变成难以防治的杂草。

转基因植物能否演变成杂草与其生存竞争力与生态适应性密切相关。玉米是一年生植物，籽粒（种子）是其唯一有生殖力的组织。玉米籽粒的生殖力取决于温度、籽粒含水量、苞叶保护和发育阶段。低温对玉米种子发芽有不良作用，被视为玉米种子生产的主要影响因素。玉米是人类长期驯化的栽培作物，虽然在栽培地每年遗撒的种子可在翌年产生自生苗，但在自然生境下很难长期繁衍生存。因此，在非人为干扰情况下，栽培玉米品种基本不可能在自然生境下大量自生繁衍而占据生境。利用基因工程技术增加防御害虫或耐除草剂的特点并不会改变玉米生存和生育竞争能力。

由于玉米穗的构造，籽粒生长在穗轴上，外面有苞叶包被，籽粒很难自行脱落，单个种子的扩散在自然界很难发生。田间遗落的雌穗通常是因玉米植株倒折后所致，出现的自生苗也常于雌穗遗落位置成簇出现，较难发育成正常的植株至成熟。

在转基因玉米种子的生产、储藏、运输、贸易及引种等过程中都可能产生基因流动。一些动物取食转基因玉米种子，没有完全消化的种子可能随动物移到其他地方。转基因玉米种子被鸟类取食后，其消化道中没有被消化的种子仍具有发芽能力，种子可在野鸡和野鸭的食道和砂囊中保持几个小时，随粪便排出后发芽率在93%和50%。用转基因玉米种子喂养野鹿，随野鹿粪便排出的种子可以发芽的很少。被动物取食的转基因玉米种子要发芽繁殖，很大程度上取决于取食者的种类、玉米品种、取食地点、环境土壤条件和种子条件。从目前转基因玉米田间试验结果来看，转基因玉米在生长势、越冬能力等方面并不比非转基因植株强，除了目标性状，转基因玉米的生存竞争力没有增加。

一、荒地条件下的生存竞争能力

将表达Cry1Ab杀虫蛋白的转基因玉米MON810的种子在吉林公主岭、河北廊坊和山东济南模拟荒地条件下进行地表撒播播种，与非转基因对照玉米种子结果一致，出苗率很低，均在10%以下。这表明转基因玉米与普通玉米一样，即便是其籽粒由于各种原因撒落在地表面，出苗率很低，甚至不出苗，难以发育成正常个体。

在模拟的荒地条件下进行5cm深播，转基因玉米MON810及其非转基因对照玉米种子均具有85%以上的出苗率，两者在长势、株型、生育期等方面无差异。但荒地生存条件与栽培地相差甚远，玉米的长势明显不如栽培地，植株细弱、矮小，越到生育后期越为明显。

不同地区由于荒地所生杂草种类不同，对地面的覆盖率不同，对玉米出苗、生长的影响也不同。诸如狗尾草、无芒雀麦等杂草植株密集，对地面覆盖率大，以它们为主的小区玉米出苗少，苗势弱。转基因玉米MON810种植区与非转基因对照区的杂草和玉米的总覆盖率不存在显著差异，表明二者与杂草之间的关系并没有因外源基因的插入而改变。

在田间自然以及模拟野外条件下，评价转Cry1Ac基因玉米与其非转基因对照玉米的生存能力，同时比较了玉米与杂草的竞争力，结果表明生存竞争能力方面，非转基因玉米<转基因玉米<杂草。转基因玉米虽然在与杂草的竞争中优于非转基因对照玉米，其种子也能越冬，但在试验条件下不会演变成超级杂草。在荒地环境中，转基因耐除草剂玉米CC-2与其非转基因对照玉米一样，与杂草相比不具有竞争优势，无杂草化风险。

二、栽培地条件下的生存竞争能力

将表达Cry1Ab杀虫蛋白的转基因玉米MON810种子和非转基因对照玉米种子在吉林公主岭、河北廊坊和山东济南等栽培地条件下播种，对两者在3叶期、心叶中期、末期、抽雄期和穗期等不同生育期植株的生长状况（株高）进行比较，没有发现两者的株高有显著差异，且在产量和收获后籽粒发芽率上没有显著差异。

在栽培地环境下，转基因耐除草剂玉米CC-2与其非转基因对照玉米在生育期、株高、产量等方面均一致，可以正常生长。

三、转基因玉米的自生苗

山东省农业科学院植物保护研究所2002年对转基因玉米荒地试验区进行调查，发现荒地条件下转基因玉米MON810和非转基因对照玉米的雌穗都在植株上面，地表没有发现自生苗。转基因玉米与其非转基因对照玉米在荒地与杂草的生存竞争中和在栽培地株高、产量和发芽率等方面没有显著差异，表明外源基因的插入不会增加杂草化趋势。

四、转基因玉米转变为杂草的可能性

Baker总结了在很多杂草中发现的最为常见的一些特性：在多种环境条件下能够发芽；不间断发芽；种子存活力强；从营养生长到生殖生长速度极快；只要条件许可，可不断产生种子；可自交，但不完全自花授粉或无性繁殖；授粉可以是虫媒或风媒；在条件适合的情况下，种子产量高；长、短距离均可传播；若是多年生，既可营养生长，也可生殖生长；具有很强的种间竞争和生存能力。若转基因植物在获得新基因后增加了生存竞争性，在生长势、越冬性、种子产量和生活力等方面都比非转基因植物强，则可能会演变为农田杂草。对转基因玉米、转基因马铃薯等转基因作物在12个地点连续10年的研究观察，并没有发现这些转基因作物具有较强的入侵性或生长时间更长，表明转基因玉米在自然条件下不会发生杂草化。

与杂草植物不同，玉米果穗被苞叶包裹。由于玉米穗的结构原因，在自然界很难发生单个籽粒的扩散现象。即使单个玉米籽粒在田间或从田间到仓库的路上撒落，也不能在栏杆、水沟和路边找到玉米自生苗。由于现代栽培玉米是经过长期人为选择的进化而来，玉米没有人类栽培管理不能存活，也没有作为杂草存活的能力。因此，将外源基因插入至玉米基因组不会使玉米具备变为杂草的危险。

第二节 基因漂移及其环境影响

转基因植物花粉可以通过风力或媒介昆虫等转移到近缘的非转基因植物上并与之杂交，使近缘物种获得选择优势的潜在可能性，使这些植物含有抗病、抗虫或耐除草剂基因而成为"超级杂草"。花粉传播导致种间杂交引起的基因漂移必须满足以下条件：植物与近缘种间的距离近到花粉可以达到；花期相遇和杂交后可以产生后代；基因可以遗传表达。

由于玉米的起源中心在中南美洲地区，且只有少数种类植物能与玉米杂交。从遗传角度来看，玉米和墨西哥类蜀黍（*Zea mays* ssp. *mexicana* Schrad.）是相容的，在墨西哥和危地马拉某些地区，两种植物长得靠近，能自由进行杂交。大刍草（teosinte）也很容易与玉米进行有性杂交，杂种一代表现出高度可育，且能自交和回交。玉米与多种三囊草属（*Tripsacum*）植物杂交十分困难，且杂交后代为雄性不育，大田未曾发现三囊草与玉米杂交种，三囊草与墨西哥类蜀黍也未曾产生过杂交。

玉米及其近缘种原产于中美洲大陆，中国没有与玉米亲缘关系较近的大刍草或摩擦禾属植物分布，所以外源基因不可能通过天然杂交向其他植物转移，即不可能发生外源基因向玉米近缘种的飘移。在中国被关注的问题是转基因玉米的外源基因向栽培种，特别是制种田漂移的距离、异交率和影响异交率的主要因素。

玉米是典型的风媒授粉植物，产生大量的花粉，使穗上胚珠成功受精。玉米田间风的运动使雄穗的花粉落在同一或毗邻植株果穗花丝上。玉米花粉直径0.1mm，这种大颗粒和迅速沉降影响了玉米花粉的传播。由于玉米雌雄异花，昆虫传粉对玉米授粉的可能性很小，这样就限制了玉米花粉随昆虫远距离传播的可能。

近年来，有许多花粉传播距离或监控模型的研究报道。对耐除草剂转基因玉米GA21外源基因向周边环境漂移的研究认为，最大漂移频率为45.10%，150m处仍能检测到外源基因的漂移，设置隔离带的距离以200m以上为宜。对玉米生产田的异型杂交率进行统计分析，在35m处异型杂交率为0.4%，而在大于100m的地方异型杂交率小于0.05%；转基因玉米花粉源周围带有当地一些非转基因玉米产生的高密度花粉可以减小异型杂交程度。用拉格朗日数字模型研究冠层空气对玉米花粉扩散的作用，认为用其模型

监测花粉的扩散方式是实际可行的。Angevin等提出关于玉米异花传粉的
MAPOD模型，该模型包括玉米地块的大小、形状，转基因玉米与非转基因
玉米的分布情况，开花的时期和动力等影响因素，可以用来指导转基因玉
米和非转基因玉米共存的条件和监控。

第三节 对节肢动物群落结构与多样性的影响

节肢动物群落是农田生态系统的重要组成部分，作物品种、种植方式
和作物布局等都会对田间节肢动物群落结构与多样性产生影响，因此，评
价转基因玉米对田间节肢动物群落结构与多样性的影响是环境安全评价的
重要环节。转基因玉米对玉米田节肢动物多样性的影响主要包括对相关非
靶标植食性昆虫、天敌昆虫、资源昆虫和传粉昆虫等有益生物以及受保护
物种等的潜在影响。

一、对节肢动物群落多样性的影响

国内外学者就转 $Cry1Ab$、$Cry1Ac$、$Cry3Bb1$ 以及 $Cry1Ie$ 基因抗虫玉米
对田间节肢动物群落多样性的影响开展大量研究，结果表明较之非转基因
对照，转基因玉米对田间节肢动物群落多样性无显著性影响。采用直接观
察、地面陷阱、吸虫器和空中水盆诱捕4种方法，连续两年调查转 $Cry1Ie$
基因抗虫玉米田和非转基因对照田在自然条件下的节肢动物物种数和个体
数，比较分析节肢动物群落各特征参数，结果显示，转 $Cry1Ie$ 基因抗虫玉
米田与非转基因对照田间的节肢动物群落物种、Simpson优势集中性指数、
Shannon-Wiener多样性指数、Pielou均匀度指数等参数之间均无显著差异，
转 $Cry1Ie$ 基因抗虫玉米对田间节肢动物群落多样性无显著影响。同样，转
$EPSPS$ 基因耐除草剂玉米与其非转基因对照玉米相比，田间节肢动物群落组

成、群落结构以及田间主要节肢动物类群动态均无显著差异。

近来关于转基因作物是否会带来非靶标害虫数量上升和天敌昆虫数量的下降已引起广泛争论。部分研究者利用试验数据说明转基因作物不会产生类似的生态风险，但反对者总以试验范围小、年份不连续等原因对这些试验结果提出质疑。

二、转基因玉米对非标靶害虫的影响

玉米蚜虫［以玉米蚜（*Rhopalosiphum maidis*）、禾谷缢管蚜（*R. padi*）两种为主］是玉米的主要刺吸式害虫，转基因抗虫玉米对这些非靶标刺吸式害虫的影响已有研究报道。多数研究报道认为Bt杀虫蛋白能通过食物链进入害虫体内，但通过比较蚜虫取食转Bt基因抗虫玉米和常规玉米的死亡率、发育速率、有翅蚜比率、生殖前期和生殖期、生殖力和内禀增长率、周限增长率和种群净增殖率、寿命和繁殖历期等生物学参数，并未发现两者之间存在显著差异。转Bt基因抗虫玉米（MON810）田和非Bt玉米田中的蚜虫发生量没有显著差异，而在喷洒了杀虫剂的非Bt玉米田中的禾谷缢管蚜发生更重，同时猎物丰盛使得捕食者七星瓢虫（*Coccinella sepiempunctata*）的数量也显著增加。

非靶标害虫玉米跳甲（*Chaetocnema pulicar*）、日本丽金龟（*Popillia japonic*）和十一星根萤叶甲（*Diabrotica undecimpunctata*）取食表达Cry1Ab蛋白的Bt玉米后，这些昆虫体内都含有一定数量的Cry1Ab蛋白。取食叶片上有2 000粒/cm²转Bt基因玉米（MON863）花粉的蓼科植物羊蹄（*Rumer japonicus*）叶片，对茄二十八星瓢虫（*Epilachna vigintioctopunctata*）和草莓小萤叶甲（*Galerucella vittaticollis*）幼虫的生存和发育没有影响，且田间羊蹄叶片上的花粉量达不到如此高密度。转基因抗虫玉米田和非转基因玉米田周围杂草中主要鳞翅目昆虫小菜蛾（*Plutella xylostella*）和菜粉蝶（*Pieris rapae*）幼虫的数量也没有显著差异，只是喷洒除草剂的地块里数量明显减少。

叶蝉类害虫是玉米田的一类刺吸式非靶标害虫。田间调查发现，转*Cry3Bb1*和*CP4-EPSPS*基因的抗玉米根萤叶甲（*Diabrotica virgifera virgifera*）的转基因玉米和耐草甘膦转基因玉米MON88017以及转*Cry1Ab*基因的抗鳞翅目害虫的转基因玉米MON810在田间对一种叶蝉（*Zyginidia scutellaris*）的种群密度没有显著影响。转*Cry1Ac*基因抗虫玉米对叶蝉种群没有不利影响。

两年的田间试验结果表明，与非转基因对照玉米相比，转*Cry1Ie*基因抗虫玉米间非鳞翅目害虫［玉米蚜虫、朱砂叶螨（*Tetranychus cinnabarinus*）和灰飞虱（*Laodelphax striatellus*）等］的丰度、多样性（Shannon-Wiener多样性指数、Simpson's多样性指数、物种丰富度和Pielou's指数和群落组成）没有差异。

由此可见，转基因抗虫玉米本身不会对非靶标害虫的发生产生任何直接影响，即转基因抗虫玉米生态系统不会直接引起非靶标害虫地位演化。但种植转基因抗虫玉米会改变靶标害虫传统综合治理体系的技术构成，如减少化学杀虫剂使用，这可能引起某些非靶标害虫种群发生改变，即转基因抗虫玉米生态系统下非靶标害虫地位演化是由靶标害虫原有防治方法的改变所引起。

三、转基因玉米对天敌昆虫及其他经济昆虫的影响

1. 转基因玉米对捕食性天敌的影响

瓢虫科昆虫是玉米田一类重要的控制害虫种群的多食性天敌昆虫。田间系统调查结果表明，转*Cry1Ab*基因的MON810玉米田与非转基因对照田中的瓢虫科天敌昆虫的种类相同，主要种类均为龟纹瓢虫（*Propylea japonica*）、异色瓢虫（*Harmonia axyridis*）、七星瓢虫和深点食螨瓢虫

（*Stethorus punctillum*）。取食转*Cry1Ab*或*Cry3Bb*玉米花粉的斑鞘饰瓢虫
（*Coleomegilla maculata*）、龟纹瓢虫和异色瓢虫，其生存适合度参数没有
受到显著影响，其体内的α-乙酸萘酯酶、乙酰胆碱酯酶以及谷胱甘肽-S-
转移酶活性与对照没有显著差异。取食表达Cry1Ab杀虫蛋白的Bt玉米繁殖
的玉米蚜和表达Cry1Ab杀虫蛋白的玉米花粉对龟纹瓢虫生长发育和繁殖力
没有显著影响。取食转*Cry1Ah*基因玉米花粉对龟纹瓢虫幼虫发育总历期、
蛹期和成虫期没有显著差异，对龟纹瓢虫的羽化率、蛹重、日产卵量和雌
雄比无明显的影响；取食转*Cry1Ah*基因玉米花粉和非转基因玉米花粉的龟
纹瓢虫成虫在移动能力方面无明显的差异。取食转*Cry1Ah*基因玉米花粉的
龟纹瓢虫的4龄幼虫和蛹期α-乙酸萘酯酶酶活性显著低于取食非Bt玉米花
粉的龟纹瓢虫，但取食转*Cry1Ah*基因玉米花粉的龟纹瓢虫乙酰胆碱酯酶和
谷胱甘肽-S-转移酶酶活性在各个发育时期与对照相比均没有显著差异。
在中肠蛋白酶方面，与对照组相比，取食转*Cry1Ah*基因玉米花粉的龟纹
瓢虫总蛋白酶和强碱性类胰蛋白酶的酶活性在各个发育时期均没有显著差
异。但取食Bt花粉的龟纹瓢虫弱碱性类胰凝蛋白酶和类胰凝乳蛋白酶酶活
性在蛹期时显著低于取食非Bt玉米花粉的龟纹瓢虫。龟纹瓢虫体内代谢解
毒酶和中肠蛋白酶在和Cry1Ah杀虫蛋白相互作用时可能会引起某些酶活性
变化。

把转*Cry3Bb1*基因玉米MON863的花粉添加到蜂蜜中饲养小花蝽（*Orius*
spp.）14天，没有对小花蝽的存活和生长造成不利影响，且饲料中Cry3Bb1
蛋白含量要远远高于实际转基因玉米植株中Cry3Bb1蛋白含量，所以转基因
玉米MON863不会对小花蝽的生长发育产生负面影响。

Bt杀虫蛋白可通过食物链［转基因玉米—欧洲玉米螟（*Ostrinia
nubilalis*）—普通草蛉（*Chrysoperla carnea*）］进入草蛉体内并保持活性。
进一步试验证明纯化的Cry1Ab蛋白或是通过食物链进入的Cry1Ab蛋白对
草蛉均没有不利影响。胡瓜钝绥螨（*Neoseiulus cucumeris*）捕食取食转基
因玉米和非转基因玉米的叶螨后，其死亡率、发育历期、产卵率均没有显

著差别。日本通草蛉（*Chrysoperla nipponensis*）取食含Cry1Ab和EPSPS蛋白饲料后，幼虫发育历期、茧期、结茧率、羽化率及成虫体重等生物学参数与取食正常饲料处理相比均没有显著差异，表明转基因玉米所表达的Cry1Ab和EPSPS蛋白对日本通草蛉幼虫没有显著影响。在三级营养试验中，Cry1Ab蛋白含量会随着食物链延伸递减，转基因玉米田中捕食性步甲（*Poecilus cupreus*）体内Cry1Ab蛋白含量仅为8%，对步甲幼虫和蛹生长发育均无影响。

蜘蛛是玉米田中一类重要的捕食性天敌。对转基因玉米田和邻近荨麻田中的蜘蛛连续三年田间监控表明，猎蛛比例在荨麻田更高，而球腹蛛科（Theridiidae）和皿蛛科（Linyphiidae）比例在玉米田更多；与非转基因对照相比，Bt玉米田中蜘蛛的个体数量、物种丰富度和种群结构没有显著差异。与对照相比，Bt玉米花粉对十字园蛛（*Araneus diadematus*）体重的增加、存活率、反应时间和结网种类均无影响。

在西班牙中部，连续3年对转基因玉米田和常规玉米田地面节肢动物多样性和季节变化开展调查，记录蜘蛛、盲蛛、蜈蚣、蚰蜒、隐翅虫、埋葬甲、叩头甲、地蜈蚣和姬蜂年际间变化情况，表明玉米田中的动物种群年份间有所不同，但同年间两种玉米田间无显著差异。

由此可见，无论是被直接摄取还是通过食物链传递，以及田间环境，均没有发现转基因玉米与非转基因玉米对捕食性天敌的影响具有显著性差异。

2. 转基因玉米对寄生性天敌的影响

玉米花粉可作为寄生蜂的补充营养。饲喂表达Cry1Ab杀虫蛋白的转Bt基因玉米花粉，与饲喂非转基因对照玉米花粉相比，对亚洲玉米螟（*Ostrinia furnacalis*）卵寄生蜂玉米螟赤眼蜂（*Trichogramma ostriniae*）的寿命、繁殖力、子代羽化数和性比均没有显著差异。饲喂转*Cry1F*基因抗虫玉米花粉后，亚洲玉米螟幼虫寄生蜂腰带长体茧蜂（*Macrocentrus* *cingulum*）的寄生率、茧块重量、每茧块茧数、羽化率与饲喂对照玉米花粉相比无显著差异；在蜂蜜水+Bt玉米花粉处理中，虽然与对照玉米花粉处理相比雌蜂的寿命并没有显著差异，但雄蜂的寿命差异显著；在取食转*Cry1F*基因抗虫玉米花粉的腰带长体茧蜂体内未检测到Bt蛋白成分。这说明转*Cry1F*基因抗虫玉米花粉对腰带长体茧蜂的存活和繁殖没有显著影响。

转基因玉米和Bt蛋白对寄生蜂寄主搜寻和寄生能力未有显著影响。仓蛾圆柄茧蜂（*Venturia canescens*）对地中海粉斑螟（*Ephestia kuehniella*）Bt抗性品系和敏感品系的寄生率和羽化率没有显著差异。腰带长体茧蜂对亚洲玉米螟的Cry1Ac抗性品系和敏感品系的寄生率、单头寄主出蜂量和羽化的成蜂寿命均无显著影响；饲喂腰带长体茧蜂成蜂含有高剂量（125μg/mL）Cry1Ac杀虫蛋白的蜂蜜水，对成蜂寿命、寄生亚洲玉米螟后的茧重和单头寄主出蜂量均无显著影响。高剂量Vip3Aa11杀虫蛋白（100μg/g，显著高于Bt玉米表达量）对腰带长体茧蜂成虫寿命、寄生率、子代的茧重、单头出蜂量和成虫寿命均没有产生不利影响。人工饲料中加入纯化的Cry1Ab蛋白对草地贪夜蛾（*Spodoptera frugiperda*）的寄生蜂缘腹绒茧蜂（*Cotesia marginiventris*）的存活、发育历期和生长率没有显著影响。齿唇姬蜂（*Campoletis sonorensis*）对取食转*Cry1Ab*基因玉米和常规玉米的欧洲玉米螟幼虫的寄生选择性没有差异，成蜂体内没有检测到Cry1Ab蛋白。

由于靶标害虫取食转基因抗虫玉米后发育受到抑制而发育不良，即使是抗性品系其体重等往往与敏感品系在常规玉米上取食相比显著要小，作为寄生蜂的寄主，其营养下降。因此，取食转基因抗虫玉米寄主的寄生蜂等常出现发育历期延长、虫体小、生殖力下降等。寄生于取食Bt玉米的斜纹夜蛾（*Spodoptera litura*）幼虫的齿唇姬蜂，其成蜂体重比对照减少15%~30%。寄生于Bt抗性地中海粉螟（*Ephestia kuehmiella*）幼虫的仓蛾圆柄茧蜂发育历期较长，但虫体较寄生于Bt敏感寄主的寄生蜂大。寄生取食转基因玉米的草地贪夜蛾的缘腹绒茧蜂，其发育历期、成虫大小和生育力都受到影响。

转基因抗虫玉米与昆虫病原菌表现为加性效应。取食转*Cry3Bb1*基因玉米的玉米根萤叶甲的幼虫变小，但对绿僵菌的敏感性没有变化。

3. 转基因玉米对资源和传粉昆虫的影响

家蚕（*Bombyx mori*）是我国重要的经济昆虫，与目前主要转基因抗虫玉米靶标害虫同属鳞翅目，转基因抗虫玉米的商业化种植是否会对家蚕造成不良影响，是人们非常关注的问题。研究转*Cry1Ab*基因玉米对家蚕的影响结果表明，玉米花粉达到15粒/cm^{2}时，可以明显降低家蚕幼虫的体重；在75粒/cm^{2}时，与对照相比家蚕幼虫体重降低60%以上，个别幼虫开始死亡。因此，在蚕区种植抗鳞翅目害虫的转基因玉米时要与桑树有一定间隔。转植酸酶基因（*PhyA2*）玉米花粉对家蚕生长发育及生理活动没有显著影响，对家蚕肠道微生物多样性未造成影响。

室内用转Bt基因玉米花粉饲喂4~5日龄的意大利蜜蜂*Apis mellifer*工蜂幼虫，与饲喂非转基因对照玉米相比，蜜蜂幼虫和蛹死亡率及蛹重均无明显影响。给意大利蜜蜂群中4~6日龄幼虫饲喂转*Cry1Ah*基因玉米花粉，对蜜蜂封盖率、出房率和发育历期没有显著影响。取食糖浆中拌入转*Cry1Ab*基因的玉米花粉或Cry1Ab蛋白的蜜蜂存活率和下咽腺的生长发育均无明显差异。利用转*Cry1Ab/Cry2Aj*基因玉米双抗12-5花粉和Cry1Ab杀虫蛋白饲喂意大利蜜蜂，两个处理组的意大利蜜蜂体内均能检测到Cry1Ab蛋白。与对照相比，饲喂转基因玉米花粉和8μg/mL纯化的Cry1Ab杀虫蛋白对意大利蜜蜂的存活率没有显著影响。比较Cry1Ab蛋白、溴氰菊酯和吡虫啉杀虫剂对意大利蜜蜂的影响发现，Cry1Ab蛋白对蜜蜂的学习能力无显著影响。在糖浆中加入20μg/mL的Cry1Ie蛋白饲喂新羽化的意大利蜜蜂工蜂，30天后中肠的细菌多样性没有显著影响；同样，利用拌入20mg/mL的Cry1Ie蛋白糖浆饲喂中华蜜蜂（*Apis cerana ceran*）工蜂，对蜜蜂的存活和花粉取食量没有显著影响。

第四节　对土壤生物群落结构与多样性的影响

在大田种植过程中，转基因玉米植株残体、根系分泌物和花粉等中的Bt蛋白不断进入土壤生态系统。Bt蛋白是否会被土壤微生物降解，或者在土壤中积累和产生级联效应，从而对非靶标土壤生物造成危害，进而影响土壤生态系统安全，成为人们关注的重要问题。近年来关于转Bt基因玉米对土壤生态系统的影响进行了大量研究。

影响玉米残体在田间降解和氮素矿化的主要因素是气候条件，与其是否为转Bt基因玉米无关。转*Cry1Ab*基因玉米（MON810和Bt11）幼苗残体在田间50天完全腐烂，Cry1Ab蛋白完全降解或仅有微量残留。Bt玉米收获后，秸秆处理的方式不同，秸秆中Bt蛋白的降解速度不同，若Bt玉米秸秆粉碎还田后种植冬小麦，在次年小麦收获时其秸秆中Cry1Ab杀虫蛋白可完全降解。

一、对土壤微生物群落结构与多样性的影响

采用传统的平板计数法分析根际土壤可培养细菌、真菌和放线菌数量，在玉米整个生长过程中，根部可培养的微生物随时间变化有一定消长，但同一时间内转*Cry1Ah*基因玉米与非转基因对照玉米二者根部可培养细菌、真菌和放线菌的数量差异不显著；聚合酶链式反应—变性梯度凝胶电泳的研究结果也表明转*Cry1Ah*基因玉米和非转基因对照玉米根部土壤细菌和真菌群落结构变化差异不显著；BIOLOG结果显示转*Cry1Ah*基因玉米和非转基因对照玉米的微生物群落的孔平均颜色变化率值、Shannon指数、Simpson指数和McIntosh指数与对照相比无显著差异。上述3种研究方法结果均说明*Cry1Ah*基因的导入并没有对玉米根际土壤群落结构产生显著影响。采用变性梯度凝胶电泳和磷脂脂肪酸研究转*Cry1Ie*基因抗虫玉米与非转

基因对照玉米不同生育期根际土壤中细菌群落结构的变化，两年田间试验表明，在4个玉米生育期内，玉米根际土壤细菌群落结构相对较稳定，同一生育期转Cry1Ie基因抗虫玉米与非转基因对照玉米间无显著性差异，且根际细菌群落结构相似性均达到较高水平。转Cry1Ab基因抗虫玉米与非转基因对照玉米相比，转基因玉米对土壤微生物特性，包括根际/非根际土壤微生物群落组成、土壤脱氢酶活性、固氮酶活性、ATP含量等参数没有显著影响。转Bt基因玉米田中放线菌类和真菌的数量和脱氢酶与固氮酶活性存在季节性不同，但与非转基因对照相比在细菌数量和活性方面没有改变。利用胞外酶检测方法发现Bt玉米残体与对照相比对土壤微生物群落和根的腐烂降解没有影响。Bt玉米MON863田中土壤呼吸率和生物量要多于对照玉米田，并且在Bt玉米田和施用杀虫剂的玉米田中固氮微生物有更高的活性，对残体的固氮率和硝化率更高。对不同类型的Bt玉米与其对照进行研究发现，Bt玉米与对照的生长参数除地上部C/N比率不同外，在根部生物量、土壤中线虫量和土壤微生物群落结构没有显著区别，只是在不同品种间土壤中线虫量有差异，在各个生长阶段微生物群落结构有所不同，但这与Bt玉米无关。Bt11和MON863田间种植对根际土壤细菌群落结构无明显影响。

二、对土壤动物群落结构和多样性的影响

在土壤环境中，存在较多暂时或经常栖息的动物群，如蚯蚓、蜘蛛、多足类等。土壤动物数量非常多，生物量巨大，对土壤物质循环转化、土壤形成及土壤转化等土壤生态系统有重要作用。研究表明，转Cry1Ac基因玉米老熟叶片降解不会对土壤动物群落结构造成影响。转Cry1Ie基因玉米对田间大型土壤动物群落组成、物种丰富度、Shannon-Wiener多样性指数、Pielou均匀度指数以及优势类群种群动态等无显著影响。

ECOGEN公司通过研究转Bt基因玉米对土壤中线虫、原生动物、小型节肢动物、蚯蚓、蜗牛、腹足动物和菌根真菌等的影响发现，对田间土壤

生态环境影响最大的是栽培作物类型、耕地类型和是否使用杀虫剂，而与转Bt基因玉米无明显关系。在Bt玉米田和对照田中，残体分解者中有67%的弹尾目昆虫、24%的螨、6%的环带纲动物和少于4%的其他12种动物；在两种玉米田中残体的降解群落和速度没有显著差异。

蚯蚓是土壤生态系统的重要组成部分，在土壤物理性质改良以及植物营养循环方面具有重要作用。通过蚯蚓活动，可以防止土壤硬结，增强土壤肥力。研究表明，转基因抗虫玉米种植并未对蚯蚓的种类和死亡产生显著影响。土壤中添加转*Cry1Ab*基因玉米和转*Cry3Bb1*基因玉米植株残体对普通蚯蚓（*Lumbricus terrestris*）的生存和体重没有显著影响。转*Cry1Ab*基因玉米对*Aporrectodea caliginosa*成蚓的生长、发育和繁殖及幼蚓生长没有显著影响，只是蚓茧的孵化率要略低于对照，但没有显著差异。进一步研究表明*L. terrestris*和*A. caliginosa*两种蚯蚓可加快土壤中转*Cry1Ab*基因玉米残体中Cry1Ab蛋白降解。将不同浓度的Cry1Ac蛋白加入试验土壤处理赤子爱胜蚓（*Eisenia foetida*），CrylAc杀虫蛋白对蚯蚓存活率、重量变化及体内总蛋白酶和过氧化物酶、乙酰胆碱酯酶、谷胱甘肽-S-转移酶和纤维素酶活性均没有显著影响。通过在人工土壤中添加磨碎的转*Cry1Ie*基因玉米植株残体研究转*Cry1Ie*基因玉米植株残体对赤子爱胜蚓生长发育及体内酶活性的影响，结果表明，在63天试验中，添加转*Cry1Ie*基因玉米植株残体处理组没有引起赤子爱胜蚓死亡，对蚯蚓体重、产茧数量、茧孵化数量均没有显著差异。超氧化物歧化酶和过氧化物酶活力随Bt玉米植株残体组织含量增加而增长，但对赤子爱胜蚓的总蛋白含量、乙酰胆碱酯酶和过氧化氢酶活力没有显著影响。

跳虫是重要的土壤动物类群，分布于土壤的不同层面，包含地上生类群、半土生类群和真土生类群。跳虫食性广泛，数量众多，在植株残体降解和循环时，跳虫发挥一定作用。同时，跳虫还会随着作物生长时期和环境变化转换自己的取食特性，是环境变化非常理想的指示类群。用转*Cry1Ab-Ma*基因抗虫玉米CM8101植株残体饲喂白符跳（*Folsomia candida*），与对照相比，白符跳存活率没有显著变化。转基因耐除草剂玉米CC-2田与其非转基因对照玉米郑58田，土壤跳虫群落组成基本一致。两种玉米田间土壤跳虫群落形态特征值（数量、体长、体色、弹器发达程度、触角长度）无显著差异；且土壤跳虫群落多样性指数（物种丰富度、个体数、Simpson优势度指数、Shannon-Wiener多样性指数和Pielou均匀性指数）均无显著差异。种植转植酸酶基因玉米C63-1对跳虫多度、类群丰富度、群落多样性指数及群落结构均未产生显著影响。研究发现，不同玉米生长期间跳虫群落结构存在显著性差异，同时跳虫多度在玉米成熟期最高。这可能与玉米凋落物对跳虫的食物供应有关。

线虫种类和数量极其丰富，是土壤生态系统中主要的功能种群之一，并参与土壤物质分解。转植酸酶基因玉米种植对土壤线虫群落的影响研究结果表明，与对照玉米相比，转基因玉米种植田食细菌线虫相对多度与数量、捕/杂食线虫数量和土壤线虫总数，以及群落多样性指数等都呈升高趋势，而植食线虫相对多度与线虫总成熟度指数呈降低趋势。在玉米整个生长季节内转基因玉米与对照玉米田间不同营养类群土壤线虫相对多度与数量及生态指标均无显著差异。转*Cry1Ab*基因玉米田土壤中秀丽隐杆线虫（*Caenorhabditis elegans*）的生长和繁殖与对照相比明显减少，并与Cry1Ab蛋白浓度相关，当其含量达到41mg/L时则对线虫产生明显抑制作用。

在土壤动物类群中，螨类的数量非常多，而且种类丰富。种植转*Cry3Bb1*基因抗虫玉米，未对土壤中螨类产生显著影响。

第五节　靶标生物的抗性风险与治理

一、靶标生物的抗性风险

第一代转基因玉米以抗鳞翅目、鞘翅目昆虫或耐除草剂为主。其中，Cry1Ab、Cry1F、Vip3A是目前国际上商业化应用最广泛的防治鳞翅目害虫的Bt蛋白，前二者主要靶标害虫为玉米螟（欧洲玉米螟和亚洲玉米螟）、草地贪夜蛾、美洲棉铃虫（*Helicoverpa zea*）等，Vip3A主要靶标为草地贪夜蛾。室内汰选实验表明，这些靶标害虫可以对这些Bt蛋白产生抗性。北美、西欧、南美等生产实践表明，大面积种植转基因抗虫玉米不可避免地胁迫靶标害虫产生田间抗性，威胁转基因抗虫作物的可持续推广。2012年，仅有3例报道证实靶标害虫对转基因抗虫玉米产生了实质抗性。在波多黎各，转*Cry1F*基因玉米TC1507种植区监测到高水平抗性的草地贪夜蛾种群，抗性种群显著削弱TC1507的防治效果，导致该转基因品种被强制召回，这是迄今为止因为抗性种群产生导致转基因品种被强制召回的第一个事件。截至2019年，已经有14例报道表明靶标害虫对转基因抗虫玉米产生了田间抗性；5例监测结果表明靶标种群没有降低对Bt玉米的敏感性，其中包括转*Vip3Aa*基因玉米。2006年首次在加拿大新斯科舍商业化推广种植转*Cry1F*基因玉米用于防治欧洲玉米螟。2018年，通过诊断剂量法（200ng/cm^2）和组织生测法证明田间抗性种群的产生。

亚洲玉米螟是我国玉米的重要害虫，草地贪夜蛾是2019年新入侵我国的重大农业害虫，均是Bt玉米的重要靶标害虫。室内汰选表明亚洲玉米螟可对多种Cry1类蛋白产生抗性；草地贪夜蛾可对Cry1F和Vip3Aa蛋白产生抗性。由此可见，大面积连续种植转单价基因抗虫玉米存在靶标害虫产生抗性的风险。目前，我国没有批准转基因抗虫玉米商业化种植，但2020年1月21日农业农村部公示农业转基因生物安全证书批准清单，其中包括2种转基因抗虫玉米DBN9936［农基安证字（2019）第291号］和瑞丰12-5［农基安证字（2019）第292号］，因此靶标害虫的抗性治理问题应受到重视。

二、抗性治理策略

转基因抗虫玉米在世界范围内广泛种植，靶标害虫处在高选择压力下，进而加速了靶标害虫对转基因玉米抗性的产生。要避免或延缓靶标害虫对转基因抗虫玉米产生抗性，就必须制定有效的抗性治理策略。目前，应用最为普遍的抗性治理策略主要包括"高剂量/庇护所"策略和"多基因"策略。

在实际生产中，确定合适的"庇护所"比例十分复杂，由于不同害虫种类对同种Bt蛋白的敏感性不同，就导致了一种Bt蛋白对某种害虫而言可能是高剂量，而相对另一种害虫远达不到高剂量，因此需要庇护所的比例也应相应提高。然而土地使用效率和种植者利益的约束使得"庇护所"面积很难完全达到理想水平。在国际上，丰富的土地资源和良好的规模经营环境是"高剂量/庇护所"策略普遍实施和效果显著的前提。但由于我国的生产模式、管理方式和靶标害虫种类与这些国家有很大差异，"高剂量/庇护所"策略在我国实施有一定困难，采用"多基因"策略更符合我国小农户种植模式。

"高剂量/庇护所"策略的理论基础是转基因玉米的Bt蛋白必须高剂量表达，使靶标害虫种群内产生的所有抗性基因都为功能隐性遗传。非转基因常规玉米庇护所产生的靶标害虫敏感个体与转基因田块存活的抗性个体成虫交配产生的杂合子个体不能在抗虫作物上存活，达到稀释抗性基因的目的，从而延缓靶标害虫对Bt蛋白产生抗性。通过评估抗性个体、敏感个体和抗性杂合子个体在抗虫作物上的存活情况，判断该转基因事件是否为高剂量表达。美国环境保护署（Environmental Protection Agency，EPA）规定，当转基因抗虫作物杀虫蛋白表达剂量能够杀死至少99.99%的敏感个体时，即为高剂量表达。如果敏感个体的存活率>0.01%，该剂量浓度下杂合子个体的存活率更高，抗性表现为不完全隐性遗传，反而会促进抗性的发展。另外，当抗性为不完全隐性遗传时，增加庇护所的种植面积依然能够达到延缓抗性产生的目的。当抗性为不完全抗性、初始抗性等位基因频率低、存在适合度代价时，"高剂量/庇护所"策略的效果最好。

根据动力学模型推算，非转Bt基因玉米或是其他作物的"庇护所"面积应为玉米种植总面积的20%~30%，才能延缓敏感个体对转Bt基因玉米抗性的产生。在"庇护所"大小和害虫散布有效结合的情况下，可以很好地延缓靶标害虫抗性的发展，小到中等连续的"庇护所"要比许多小的"庇护所"效果要好。在以小农户种植为主的发展中国家（如中国、印度等）很难推广"庇护所"措施。然而，在研究和治理棉铃虫对转Bt基因抗虫棉抗性实践中发现，我国的这种以个体农户经营为主、棉铃虫多种寄主作物小规模交叉混合的种植模式，可为棉铃虫提供天然庇护所，有效地延缓了棉铃虫抗性的发展。此种措施为今后转基因玉米大面积种植提供了可借鉴的策略。

自1996年起来，人们在不同地块或者Bt作物地块内种植非Bt作物作为结构庇护所（structured refuges），用以延缓抗性的产生。2010年以后，为了使"高剂量/庇护所"更易实施，发展了"庇护袋"（refuge-in-a-bag）措施，即将常规玉米种子与转Bt基因抗虫玉米种子按一定比例混合后销售。这一策略将庇护所面积从20%降低到10%，增强了庇护所措施的可操作性，同时能够解决农户不按照结构庇护所相关规定种植的问题。但是，数学模型和小规模试验结果表明，如果靶标幼虫能够在转基因抗虫玉米和常规玉米之间移动，一方面降低了敏感个体的存活率和庇护所的有效面积，一方面增加了抗性杂合子个体的存活率和适合度，反而会促进抗性的发展。

已有报道表明，室内筛选的欧洲玉米螟对生物杀虫剂产品Dipel ES、玉米蛀茎夜蛾（*Busseola fusca*）对Cry1Ab和棉铃虫对Cry1Ac的抗性均为常染色体调控的显性遗传。由于抗、感种群幼虫发育历期的差异使成虫不能随机交配，而且现有的转Bt基因作物很难在全生育期都高剂量表达Bt杀虫蛋白，无法确保种植20%的非Bt作物形成有效的庇护所，这些因素使"高剂量/庇护所"策略受到严重挑战。除此之外，成功实施该防治策略的难点还表现在两个方面：一是如何将庇护所区域的害虫为害级别降到最低，保证作物的产量，最大限度提高种植者的经济效益；二是如何保证庇护所区域的害虫种群数目，使敏感个体和Bt区存活的抗性个体进行最大程度的基因交流。如果庇护所区域的害虫为害造成巨大的经济损失，有可能再次导致化学合成药剂的大量使用。2002年以后，美国和澳大利亚开始推广转多价基因抗虫棉花的种植。

"多基因"策略是在同一株植物中同时导入两个或多个基因，用于防治同一种靶标害虫。主要达到延缓或阻止抗性的产生与发展、提高转基因作物防治效果、扩大杀虫谱等目的。该策略还需要满足以下3个前提，包括每种杀虫蛋白的剂量浓度能够杀死所有或者几乎所有的敏感个体；不同Bt杀虫蛋白之间不存在交互抗性；避免在其周边同时种植转相同或相似基因的单价作物。若不能满足上述条件，同转单价基因作物相比，转多价基因作物亦不能很好地延缓靶标害虫抗性的产生。

孟山都和陶氏益农公司应用基因叠加技术，研发出含有6个特异性杀虫机理的抗虫基因（*Cry2Ab*、*Cry35Ab1*、*Cry1Fa2*、*Cry1A.105*、*Cry3Bb1*、*Cry34Ab1*）和2个不同的耐除草剂基因（*PAT*、*CP4-EPSPS*）共8个基因的兼抗多种害虫和耐除草剂转基因玉米。这一转复合基因玉米品种不但可以防治鳞翅目和鞘翅目的害虫，且对草甘膦和草铵膦有很好的耐受性。2018年，转基因抗虫和耐除草剂复合性状玉米种植面积达4 780万hm^2，占转基因玉米种植总面积的81.15%。

室内研究表明，亚洲玉米螟Cry1F抗性品系对Cry1Ab和Cry1Ac杀虫蛋白有中等的交互抗性，但与Cry1Ah或Cry1Ie没有交互抗性；Cry1Ac和Cry1Ie对亚洲玉米螟具有增效作用。将Cry1F与Cry1Ah或Cry1Ie进行叠加，或者Cry1Ac和Cry1Ie叠加，均可以延缓亚洲玉米螟对Bt蛋白产生抗性。东方黏虫（*Mythimna separata*）是我国玉米的另一种重大迁飞性、暴发为害的害虫，Cry1Ie和Vip3Aa16对其具有较强的增效作用，增效因子高达9.2。聚合两种蛋白一方面能够提高转基因抗虫玉米对东方黏虫的防治效果，另一方面能够延缓东方黏虫抗性种群的产生。另外，要加强对转Bt基因玉米的抗虫性和田间玉米螟等靶标害虫种群抗性动态进行监测，及时评估转Bt基因玉米的抗虫性水平，以确保转Bt基因玉米抗虫效果的稳定。

第五章　转基因玉米食用安全性评价

第一节　转基因玉米营养学评价

对转基因玉米的营养学评价主要包括营养成分、抗营养因子分析以及营养功效评价。营养成分分析主要依据"实质等同性"原则，将转基因玉米与非转基因对照进行比较，分析差别表现，在此基础上再决定是否开展进一步评价分析。因此，它是转基因作物安全性评价的起点而不是终点，在此基础上开展逐步、个案分析。

一、主要营养成分分析

对于营养成分分析来讲，样品选择非常重要。首先是样品部位，一般是玉米籽粒。对于样品份数的要求，一般不少于三个年份或者三个地点。如提供三个年份的样品，则最好选择同一种植地点的样品，更具有可比性。如选择同一年份不同地点的试验样品，则地点的选择需具有代表性，即该作物种植的代表性生态区域，如我国玉米种植区域包括5个生态区：北方春播玉米区、黄淮海夏播玉米区、西南山地玉米区、南方丘陵玉米区、西北灌溉玉米区。因此，在种植地点选择上，应尽量选择适合本品种播种的、有代表性的不同生态区域进行种植和样品采集。该原则也同样适用于外源蛋白表达含量的检测样品以及环境安全评价试验。

对转基因玉米的营养学分析内容主要包括蛋白质、水分、灰分、脂肪、纤维、碳水化合物和微量营养成分如氨基酸、脂肪酸、矿物质、维生素等与人类健康营养密切相关的物质。在检测时如果按照"实质等同性原则"，考虑生物技术食品与传统植物食品在营养方面的不等同，还应充分考虑这种差异是否在这一类食品的营养范围内。如果在这个范围，就可以认为在营养方面是安全的。如某种转基因玉米的脂肪酸含量与其非转基因玉米对照存在显著差异，但该玉米的脂肪酸含量在不同品种玉米已知的脂肪酸含量范围内，则可以认为在脂肪酸方面，该转基因玉米是安全的。

第一代转基因玉米以抗虫和耐除草剂性状为主，在玉米亲本中多引入 *Bt*、*bar*和*CP4-EPSPS*等基因，使转基因玉米表达外源抗性蛋白，这种类型的遗传操作对转基因玉米的主要成分组成影响较小。大量营养学评价数据表明，绝大多数第一代转基因玉米的营养组成与其非转基因对照间没有显著性差异，具有实质等同性。但是第二代转基因玉米尤其是营养改良型产品，极大提高了某种营养素或者引入某种营养素大量表达，提高作物的营养价值。这种遗传操作对作物本身的营养组成产生了较大的影响，多数情况下营养改良的转基因玉米与传统非转基因玉米间存在某些营养成分的含量差异。例如，利用蛋白质工程技术改变蛋白质的含量和必需氨基酸的比例；用碳水化合物酶工程改变淀粉含量、直链淀粉和支链淀粉的比例以及糖含量等。

美国商业化生产的高赖氨酸转基因玉米LY038，就是将微生物中的一个基因转入玉米中，表达对赖氨酸含量不敏感的cDHDPS蛋白，促使玉米籽粒中游离赖氨酸的积累。中国农业大学研究的高赖氨酸转基因玉米则是从马铃薯中克隆的含赖氨酸比例高的基因（*sb401*）转入玉米中。对此类转基因玉米的营养检测，应对除目标性状——赖氨酸以外的其他氨基酸采取"实质等同原则"和充分考虑历史已有数据比较原则。对赖氨酸的检测，应该考虑在高赖氨酸水平下，对蛋白质的消化利用是否会发生改变，需要进行动物的蛋白质营养利用率试验。

总之，从目前的文献资料来看，转基因玉米营养成分的变化比较小，但有一些营养改良型的转基因玉米目标成分会有较大变化，同时还会影响到其他相关营养成分的代谢和含量，这其中的变化规律和原理尚有待于进一步研究。因此，对于转基因玉米及其产品的营养成分检测是安全性评价的第一步。

二、抗营养因子分析

食品不仅含有大量的营养物质，也含有广泛的非营养化学物质。其中，抗营养因子主要是指一些能影响人对食品中营养物质吸收和对食物消化的物质。几乎所有的植物性食品中都含有抗营养因子，这是植物在进化过程中形成的自我防御物质。目前，已知的抗营养因子主要有蛋白酶抑制剂、植酸、凝集素、芥酸、棉酚、单宁、硫苷等。在检测抗营养因子时，要根据植物特点选择抗营养因子进行检测和分析。对于转基因玉米的抗营养因子检测主要是检测植酸。

植酸是维生素B族的一种肌醇六磷酸酯，化学名称是环己六醇-1, 2, 3, 4, 5, 6-六磷酸二氢酯，广泛存在于豆类、谷类和油料植物种子中。植酸可与多价阳离子，如Ca^{2+}、Mg^{2+}、Mn^{2+}、Fe^{2+}等形成不溶性复合物，降低人体对无机盐和微量元素的生物利用率，继而引起人体和动物的金属元素营养缺乏症和其他疾病。同时植酸还会影响人体和动物对蛋白质的吸收。

谷类中的植酸可以抑制混合膳食中非血红素铁的吸收，而通过基因工程方法可以减少谷类中植酸含量。例如对低植酸转基因玉米和其对照玉米制作的薄玉米饼中的植酸进行分析，发现每克低植酸玉米中植酸含量为3.48mg，只占对照玉米的35%，用低植酸转基因玉米加工的燕麦粥比对照玉米铁吸收率增加50%。其他转基因玉米的安全评价中，也要注重分析转基因操作对植酸含量的影响。例如转基因玉米"双抗12-5"植酸含量为（16.37±4.82）mg/g，而非转基因亲本玉米对照的植酸含量为（15.70±4.42）mg/g，无显著差异。

三、营养功效评价

食物中营养素的生物利用率是指其被人体或者动物消化吸收利用的部分，常用来检测营养素的实际营养价值。通过转基因技术提高食物中一些特定营养素含量是目前提高食品品质的重要方面，另外降低抗营养因子对营养素的限制也是基因改良的目标之一。因此在对转基因玉米进行营养检测时，不能忽视对特定营养素生物利用率的检测。

通常采用大鼠、猪等动物来进行生物利用率的评价。玉米中的植酸能影响磷吸收，因此低植酸转基因玉米能否提高磷的生物利用率备受关注。Spencer等用低植酸转基因玉米饲养猪35天，比较玉米中磷的生物利用率和表观消化率。结果显示，低植酸转基因玉米喂养的猪在体重增长、食物利用率等方面都优于对照玉米，低植酸转基因玉米和对照玉米的磷吸收率分别为62%和9%，可利用磷是对照玉米中的5倍，且能减少磷的排出。研究还发现不添加磷的低植酸转基因玉米饲料比不添加磷的对照玉米饲料喂养的猪增重更多，骨骼发育更好，饲养效率更高。同时肉质性状更好，如背膘薄，瘦肉率高。因此，低植酸转基因玉米使猪提高了磷的生物利用率。

肉鸡的42天饲喂试验也是用来评价转基因玉米生物利用率的良好动物模型。例如对高赖氨酸转基因玉米LY038的肉鸡饲喂试验表明，采用转基因玉米LY038饲喂的肉鸡体重增量、食物利用率、产肉率和肉质营养组成与人工添加赖氨酸的饲料一致，并且明显优于不添加赖氨酸的非转基因对照玉米饲料的饲喂效果。

除动物实验外，还可以通过小规模人群试验进行更加直观的生物利用率评价。对低植酸玉米进行的铁吸收人群试验结果显示，100%低植酸玉米制作的薄玉米饼铁吸收率（2 188%）比100%亲本对照薄玉米饼、50%亲本对照+50%低植酸型薄玉米饼的吸收率（分别为1 193%和1 165%）高出1倍（$P<0.001$），而后两者的铁吸收率无明显不同。

第二节　转基因玉米致敏性评价

致敏性评价是食品安全性评价中的重要内容之一。尽管目前还没有确凿方法确定蛋白质的潜在致敏性，但大多数过敏原都具有一个共同特征，即多为糖基化蛋白，其分子量为10~70kD，对热稳定，具有在胃蛋白酶、胰蛋白酶作用下及酸性环境中不易分解等特征。因此，通过氨基酸序列分析和特征分析，比较待测蛋白与已知过敏原相似性是确定待测蛋白是否具有潜在致敏性的有效手段。目前，国际上公认的转基因食品中外源基因表达产物致敏性评价策略是由国际食品法典委员会于2003年颁布的《重组DNA植物及其食品安全性评价指南》（CAC/GL 45—2003）中附件1中所述的程序和方法，该方法等同采用了2001年由FAO/WHO颁布的致敏性评价策略。其主要评价方法包括基因来源、与已知过敏原的序列相似性比较、过敏患者血清特异性IgE抗体结合试验、定向筛选血清学试验、模拟胃肠液消化试验和动物模型试验等，最后综合判断待测蛋白的潜在致敏性高低（图5-1）。

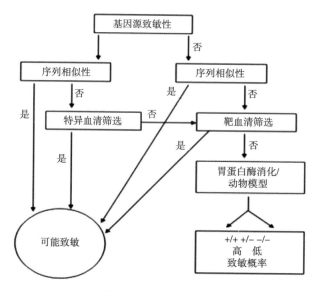

图5-1　转基因植物致敏性评估决策树

一、外源基因生物信息学评价

评估一种新蛋白的安全性时，很重要的一点就是看其氨基酸序列与已知过敏蛋白或毒素序列的相似程度。因此，2001年FAO/WHO生物技术食品致敏性联合专家咨询会议推荐运用生物信息学评价进行序列同源性分析来评估外源蛋白的潜在过敏性。

例如在评价转基因玉米中抗虫Cry蛋白的潜在致敏性时，运用了同源序列性生物信息学比对方法。3种转基因玉米分别转入3种Cry蛋白——Cry1Ab、Cry1Ac和Cry1C，其长度分别为1 155个氨基酸，1 178个氨基酸和1 044个氨基酸。这些蛋白序列在过敏蛋白结构数据库（Structural Database of Allergenic Proteins，SDAP）数据库和过敏原在线数据库（AllergenOnline）中进行检测。生物信息搜索及分析结果如表5-1所示。

SDAP是一个可以提供将待测蛋白与文献中已知的1 526种过敏原进行比对服务的网站，两者之间的相似度用E值表示，若E值小于0.01，则认为两者序列同源性较高。由表5-1可知，转入的蛋白Cry1Ab和Cry1Ac与任何已知过敏原相比都没有序列同源性（E>0.01），但是Cry1C蛋白的E值为0.9，不过其与真菌蛋白*Candida albicans*的全长序列比对显示，仅有26%的相似度，远低于确认其为过敏原序列的临界值50%。

过敏原在线数据库可以提供序列同源性比对服务，该数据库中包含1 076种蛋白质序列，用于评估待测蛋白是否存在过敏交叉反应。如表5-1所示，80个氨基酸序列比对中，3种蛋白与任一已知过敏原的同源性都不超过35%。

因此，转基因玉米中转入的3种蛋白——Cry1Ab，Cry1Ac和Cry 1C与数据库中的已知过敏原都不具有较高的序列同源性。

表5-1　在不同过敏原数据库中运用FASTA对选定序列进行同源性分析结果

查询序列	长度（aa）	序列号	全长搜索比对 在线致敏原数据库	全长搜索比对 SDAP数据库	80个氨基酸搜索比对 在线致敏原数据库	80个氨基酸搜索比对 SDAP数据库
Cry 1Ab	1155	P0A370	无E值<1.0的序列	序列相似性6%，序列信息 Asp f 5（CAA83015）	无大于35%的序列同源性	序列相似性32%，序列信息 Mala s1（Q01940）
				序列相似性4%，序列信息 Mala s1（Q01940）		序列相似性27%，序列信息 Glym1（AAB09252）
				序列相似性3.6%，序列信息 Tri a gliadin（AAA34285）		序列相似性26%，序列信息 Lig v1（O82015）
				序列相似性2%，序列信息 Pench 20.0（AAB34785）		序列相似性24%，序列信息 Bosd 8（AAA30478）
Cry1Ac	1178	P05068	无E值<1.0的序列	序列相似性3.7%，序列信息 Tri a gliadin（AAA34285）	无大于35%的序列同源性	序列相似性30%，序列信息 Asp f 13（P28296）
				序列相似性3.6%，序列信息 Ana c 2（BAA21849）		序列相似性25%，序列信息 Lig v1（O82015）
				序列相似性6%，序列信息 Chit 6.0（P02223）		序列相似性23%，序列信息 Tri a gliadin（AAA34285）

（续表）

查询序列	长度（aa）	序列号	全长搜索比对	全长搜索比对	80个氨基酸搜索比对	80个氨基酸搜索比对
			在线致敏原数据库	SDAP数据库	在线致敏原数据库	SDAP数据库
				序列相似性2.7%，序列信息 Phl p 5.0（CAD87529）		序列相似性24%，序列信息 Ani s 2（AAF72796）
Cry 1C	1044	Q58FM0	E值=0.9，白色念珠菌的IgE结合蛋白，29 kD	序列相似性4.7%，序列信息 Hev b 9（Q9LEJ0）	无大于35%的序列同源性	序列相似性33%，序列信息 Cor a1.0（CAA96549）
				序列相似性4%，序列信息 Tri a 12（P49232）		

二、血清学试验

在进行序列同源性分析后，含有已知致敏原决定簇的或与已知致敏原同源性较高的外源蛋白需要进行血清学实验。因为对不同食物过敏的患者血清中所含特异IgE不同，因此检测待测蛋白的血清就需要用不同过敏患者的等量血清组合配制而成。血清学试验若为阳性，则充分说明该外源蛋白具有潜在致敏性。即使转基因食品中转入的蛋白不来源于致敏性食品，血清学试验也需要进行。实验中，一般选用5种或5种以上的血清进行免疫分析，这样如结果为阴性时的风险非常小。若所选用的血清少于5种，则需要在标准化条件下进行胰酶、胃酶对该蛋白的模拟消化试验。

例如在评价转基因玉米中抗虫Cry蛋白的潜在致敏性时，除对目的蛋白进行生物信息学评价，也开展血清学试验。首先，选取39位对玉米过敏的患者血清以及11位对玉米不过敏的对照志愿者血清进行玉米内源过敏原的IgE抗体结合试验。39位患者中，有9位（23%）患者血清与转基因玉米和非转基因玉米的结合反应均大于30%。接着，选取5位对玉米有临床过敏反应的患者血清混合构成血清池，结果发现，不论是非转基因玉米，还是转*Cry1Ab*、

*Cry1Ac*和*Cry1C*基因玉米中，都只有7个蛋白片段（28~88kD）可以与患者血清进行IgE特异性结合。因此，非转基因玉米和转基因玉米中与过敏患者血清的特异性IgE结合方式是一致的，即转基因玉米没有增加新的过敏原。

三、外源蛋白消化稳定性研究

大部分食物致敏原都有可耐受食品加工、加热和烹调，抵抗胃肠消化酶以及经小肠黏膜或被吸收至血液后产生免疫反应的特点，因此开展模拟胃肠道消化实验来测定外源蛋白消化稳定性也是评估外源蛋白致敏性的一个重要指标。2001年FAO/WHO生物技术食品致敏性联合专家咨询会议推荐模拟胃液试验作为蛋白质潜在致敏性研究中重要组成部分。模拟胃肠液要尽量符合人体胃肠状况，其中最重要的3个因素就是蛋白酶、离子成分和pH值。具体试验方法为：将受试待测蛋白和模拟胃/肠液在37℃水浴中振荡反应。反应过程中分别在0秒、15秒、30秒、1分钟、2分钟、4分钟、8分钟、15分钟、60分钟用缓冲液中和使反应中止。然后对待测蛋白进行十二烷基磺酸钠-聚丙烯酰胺凝胶（SDS-PAGE）试验。试验中要设立阳性对照（如大豆胰蛋白酶抑制剂、β-乳球蛋白等）和阴性对照（如土豆酸磷酸酶、大豆脂氧化酶等）。若待测蛋白不能被降解或其降解片段大于3.5kD，则认为其可能是致敏蛋白质；但是，若待测蛋白降解片段小于3.5kD，也不能完全肯定该蛋白质无致敏性，还需结合致敏决策树中其他评价结果进行判断。

例如，在评价转基因玉米中抗虫Cry蛋白的潜在致敏性时，就对玉米内源过敏原进行了模拟胃液消化试验。试验过程中非转基因玉米和转基因玉米蛋白提取物在经过胃蛋白酶处理不同时间后，在12%的SDS-PAGE上进行分析。若蛋白片段不能被胃蛋白酶分解为小分子蛋白片段，则认为其是稳定蛋白。

在非转基因玉米样品中，12个蛋白片段里有6个（分子量分别为60kD，38kD，28kD，19kD，14kD，10kD）在消化1小时后仍然是稳定的，而分子量较大的另外6个片段被部分消化（分子量分别为152kD，120kD，105kD，90kD，80kD，40kD），1小时后在凝胶上只显示出微弱的痕迹。

在转*Cry1Ac*基因玉米中，12个蛋白片段里有5个片段（分子量分别为66kD，58kD，34kD，15kD，9kD）在胃蛋白酶消化1小时后仍然是稳定的，而余下的7个蛋白片段（175kD，154kD，126kD，98kD，80kD，22kD，6kD）在反应开始30分钟内被消化。

在转*Cry1Ab*基因玉米中，13个分子量范围在7~170kD的蛋白片段里，有5个片段（分别为68kD、36kD、30kD、25kD、16kD）在消化1小时后仍然是稳定的，而另8个片段（分别170kD、154kD、133kD、107kD、97kD、82kD、51kD、7.7kD）则在1小时内被完全消化。

在转*Cry1C*基因玉米中，12个蛋白片段里有5个片段（分子量分别为67kD、31kD、28kD、17kD、14kD）在胃蛋白酶消化1小时后仍然是稳定的，而余下的7个蛋白片段（160kD、134kD、118kD、90kD、77kD，59kD，8.5kD）在反应开始30分钟内即被完全消化。

在模拟胃液消化试验中，转基因玉米的稳定蛋白片段比非转基因玉米的稳定蛋白片段少，这可能与蛋白表达组成发生改变有关。

李玲等评价转*G10evo*、*Cry1Ab/Cry2Ab*基因抗虫耐草甘膦玉米（GAB-3）中外源基因表达蛋白Cry1Ab、Cry2Ab和G10（EPSPS）在模拟胃肠液中的消化稳定性。结果发现，作为稳定对照的大豆胰蛋白酶抑制剂（soybean trypsin inhibitor，STI）在模拟胃肠液中60分钟未被消化（图5-2），作为不稳定对照的酪蛋白（α-casein）在模拟胃肠液中15秒内全部消化（图5-3）。外源基因表达蛋白Cry1Ab、Cry2Ab和G10（EPSPS）在模拟胃液中2分钟内完全消化，在模拟肠液中30分钟内完全消化。因此，转基因玉米（GAB-3）的外源基因表达蛋白Cry1Ab/Cry2Ab和G10（EPSPS）在模拟胃肠液中不具有消化稳定性，容易被降解（图5-4、图5-5、图5-6）。

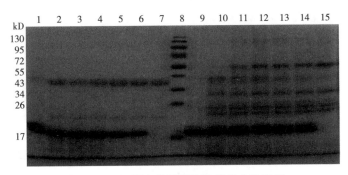

图5-2 STI蛋白模拟胃肠液消化电泳结果

注：1、9-STI蛋白对照；2~6-分别为STI蛋白被模拟胃液消化0秒、15秒、2分钟、30分钟、60分钟；7-胃蛋白酶对照；8-Marker；10~14-分别为STI蛋白被模拟肠液消化0秒、15秒、2分钟、30分钟、60分钟；15-胰蛋白酶对照。

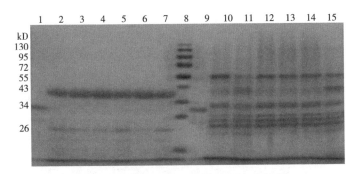

图5-3 酪蛋白模拟胃肠液消化电泳结果

注：1、9-酪蛋白对照；2~6-分别为酪蛋白被模拟胃液消化0秒、15秒、2分钟、30分钟、60分钟；7-胃蛋白酶对照；8-Marker；10~14-分别为酪蛋白被模拟肠液消化0秒、15秒、2分钟、30分钟、60分钟；15-胰蛋白酶对照。

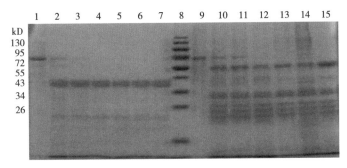

图5-4 Cry1Ab蛋白模拟胃肠液消化电泳结果

注：1、9-1Ab蛋白对照；2~6-分别为1Ab蛋白被模拟胃液消化0秒、15秒、2分钟、30分钟、60分钟；7-胃蛋白酶对照；8-Marker；10~14-分别为1Ab蛋白被模拟肠液消化0秒、15秒、2分钟、30分钟、60分钟；15-胰蛋白酶对照。

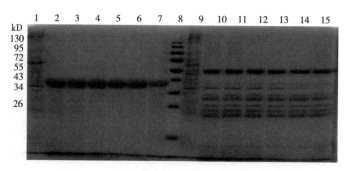

图5-5　Cry2Ab蛋白模拟胃肠液消化电泳结果

注：1、9-2Ab蛋白对照；2~6-分别为2Ab蛋白被模拟胃液消化0秒、15秒、2分钟、30分钟、60分钟；7-胃蛋白酶对照；8-Marker；10~14-分别为2Ab蛋白被模拟肠液消化0秒、15秒、2分钟、30分钟、60分钟；15-胰蛋白酶对照。

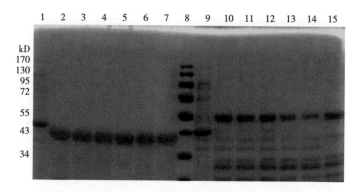

图5-6　G10evo蛋白模拟胃肠液消化电泳结果

注：1、9-G10蛋白对照；2~6-分别为G10蛋白被模拟胃液消化0秒、15秒、2分钟、30分钟、60分钟；7-胃蛋白酶对照；8-Marker；10~14-分别为G10蛋白被模拟肠液消化0秒、15秒、2分钟、30分钟、60分钟；15-胰蛋白酶对照。

第三节　转基因玉米毒理学评价

理论上说，任何外源基因的转入都可能使转基因生物产生不可预知的变化，包括多项效应，这些效应需要设计复杂的多因子试验来验证。如果转基因食品的受体生物有潜在毒性，那么应检测其毒素成分是否有变化、插入的基因是否导致毒素含量发生了变化、是否产生新的毒素。转基因作物的毒理学评价主要包括对外源基因表达产物的评价和对全食品的毒理学评价。

对外源基因表达产物的毒理学评价中，若外源基因表达的产物为蛋白质，则评价内容应包括新表达蛋白质与已知毒蛋白质和抗营养因子氨基酸序列相似性的比较、新表达蛋白质热稳定性试验和体外模拟胃液蛋白消化稳定性试验。当新表达蛋白质无安全食用历史、安全性资料不足时，必须进行急性经口毒性试验。

对全食品的毒理学评价主要采用90天动物喂养试验来考察转基因食品对人类健康的长期影响。目前，实验所用动物一般有大鼠、小鼠、猪、鸡、猴、羊等，考虑到动物价格和饲养条件，通常选用大鼠进行90天动物喂养实验。一般说来，对转基因食品进行的亚慢性毒性实验，如果无特殊异常反应，就认为该转基因食品在长期食用过程中不会对人体健康造成不良影响。

一、外源基因和蛋白毒性评价

目前，已经对转基因玉米中转入的抗虫、耐除草剂等外源蛋白进行了大量安全性研究。例如，依据国家标准《食品安全性毒理学评价程序和方法 急性毒性试验》（GB 15193.03—2003）对转*Cry1Ab/Cry2Aj*和*G10evo*（*EPSPS*）基因抗虫耐除草剂玉米"双抗12-5"的两个外源蛋白进行了小鼠的经口急性毒性研究，对两种受试蛋白分别采用一次经口灌胃法测试。受试动物16只，雌雄各半。实验鼠禁食16小时后，以0.2mL/10g·BW灌胃量染毒，剂量为2 000mg/kg·BW。染毒3小时后喂食，随时观察中毒表现及死亡情况，连续观察二周。结果表明，试验动物经口暴露受试蛋白后未见明显中毒症状，观察期内无死亡，各主要脏器未见明显异常。Cry1Ab/Cry2Aj和G10evo（EPSPS）重组蛋白对雌雄小鼠的急性经口毒性均为$LD_{50}>2\,000$mg/kg·BW。

近几年，应用双链RNA（dsRNA）的转基因作物逐渐发展起来并走向商业化道路，dsRNA可以抑制靶向基因，从而使作物获得抗病毒特性或在营养品质方面获得改善。但是对于转入RNA的安全性一直受到质疑。Petrick等就对RNA干扰玉米MON87411中的双链RNA进行了安全性评价，采用方法是进行dsRNA灌胃小鼠28天试验。MON8711是一种含有一段240碱基对的dsRNA转基因玉米品系，该段dsRNA可以抑制西方玉米根虫（*Diabrotica virgifera virgifera*）中的*Snf7*基因（DvSnf7），从而使作物获得抗玉米根虫特性。在28天的重复剂量毒性研究中，对不同组的雄性和雌性CD-1小鼠每天经口灌胃1mg/kg、10mg/kg或100mg/kg的DvSnf7 RNA（968个核苷酸，含240个碱基对的DvSnf7双链RNA）。结果发现，在体重、进食量、临床观察、血常规、血生化、大体检查以及组织病理学检查几项中都没有观察到有剂量相关性的显著变化。因此，确定该双链RNA无可见有害作用水平（No Observed Adverse Effect Level，NOAEL）为100mg/kg，即实验组的最高剂量。实验表明该抗虫dsRNA在预期人类暴露量的数百万到数十亿倍剂量下不会对动物产生不良健康影响，即其对动物造成的风险可能性极低。

二、转基因玉米亚慢性毒性评价

亚慢性毒性试验是以不同剂量水平给试验动物喂受试物，经过较长期喂养后，观察受试物对动物的毒性作用性质和靶器官，并初步确定最大作用剂量。另外，还可通过亚慢性毒性试验为慢性毒性和致癌试验的剂量选择提供依据（图5-7）。传统对化学物质的安全性评价经验已证实，与更长期的喂养试验相比，90天动物喂养试验已经足够反映出受试物的毒性作用。因此，90天喂养试验可以作为对转基因食品的中长期毒性作用和非期望作用进行评价的主要手段。

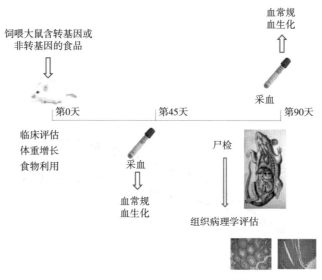

图5-7 大鼠亚慢性毒性试验流程

将来自苏云金芽孢杆菌（*Bacillus thuringiensis*，Bt）的*Cry1Ac*基因导入非转基因玉米系郑58获得具有抗虫特性的转基因玉米Bt-799。以Bt-799玉米饲喂Wistar大鼠的亚慢性毒性试验为例，观察其对大鼠的亚慢性毒性作用。将100只刚断乳的Wistar大鼠按性别和体重分为5组：空白对照组（BC），Bt-799玉米低（TL）、中（TM）、高（TH）剂量组，亲本非转基因玉米"郑58"高剂量组（N）。空白对照组给予标准AIN-93G配方饲料，其他4组分别在饲料中添加相应玉米9.41%、28.23%、84.68%、84.68%，各营养成分按AIN-93G补齐。动物饲喂14周期间，每天观察一次，每周记录动物体重、进食量、食物利用率，试验结束时检测血常规、血生化，计算脏器系数并进行组织病理学检查。结果发现，体重、进食量、血常规、血生化、脏体比等指标均有指标存在统计学差异。但由于这些差异无剂量反应相关性，并且相关的病理学检测也没有发现有意义的病理改变，因此不认为这些差异具有生物学意义。实验结论是转基因玉米Bt-799对Wistar大鼠生长发育无明显不良影响，与对照玉米"郑58"对Wistar大鼠具有同等的食用安全性。进一步对转基因玉米Bt-799对雄性大鼠的生殖系统影响进行研究，转基因组和非转基因组在血清激素水平、精子参数和脏体比等方面均无显著差异。因此，转基因玉米Bt-799对雄性大鼠的生殖系统不存在不利影响（图5-8）。

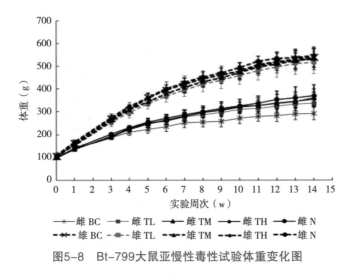

图5-8　Bt-799大鼠亚慢性毒性试验体重变化图

Han等对含有抗虫基因*Cry1Ah*和抗草铵膦基因*G2-aroA*的复合性状转基因玉米GH5112E-117C进行食用安全性评价。试验方法为用含不同配比（质量分数为12.5%，25%，50%）的转基因玉米和非转基因玉米Hi-Ⅱ饲料饲喂SD大鼠90天，观察其对动物是否有潜在的亚慢性毒性作用。结果发现，在动物临床表现、体重、进食量、血常规、血生化、脏体比和组织病理学方面都未观察到复合性状转基因玉米组和相应的非转基因玉米组之间存在有生物意义的显著性差异。

三、长期多代毒理学实验

对于转基因玉米的长期多代试验虽然不是安全评价中的必要环节，但也开展了深入研究。郭梦凡对转*Cry1Ab*和*EPSPS*基因玉米进行了大鼠三代生殖毒性。采用三代繁殖毒性研究方法，对三代大鼠的各时期体重、进食量、血液指标、器官组织病理、生殖系统及子代发育情况进行评价，进一步丰富了转*Cry1Ab*和*EPSPS*基因玉米的食用安全性资料。

在保证营养平衡的前提下将玉米最大量掺入饲料。断乳的SD大鼠随机分为3组，分别为非转基因玉米对照组，转基因玉米组和AIN对照组，每组60只，雌雄各半，5只一笼，各组饲以相应饲料，喂养受试物至少70天。将此F_0代动物同组按雌雄1:1同笼交配，直到受孕或进行2周止。出生的仔鼠为F_1代，F_1代出生后检查每窝幼仔数、死亡数及肉眼可见的幼仔畸形，并于出生第4天称重，每窝仔鼠调整至8只（4雌4雄），若某一性别仔鼠不足4只，则增加另一性别动物，总数为8只。F_1代断乳后，淘汰F_0代，对F_0代血常规、血生化、血清性激素、脏器重量、主要器官病理、雄鼠精子进行检测。F_1各组选出雌雄各30只（每窝至少选出雌雄各一只）继续饲喂受试物70天，按前法交配，并依此类推，依次产生F_2和F_3代。F_3代于出生后第4天称重，每窝仔鼠调整至10只（5雌5雄），若某一性别仔鼠不足5只，则增加另一性别动物，总数为10只。F_3代每组随机选20窝进行早期生理发育指标的检查。F_3断乳后，淘汰F_2（同F_1代处理）。F_3代每组随机选20窝（每窝1雌1雄）共40只动物继续喂受试物共90天，观察生长发育情况，并于90天后进行解剖，对血常规、血生化、血清性激素、脏器重量、主要器官病理、雄鼠精子进行检测。

结果表明，转基因玉米的大鼠三代生殖毒性评价F_0、F_1、F_2、F_3代各组雌雄大鼠体重、进食量、器官重量及相应脏器系数、器官病理、各项血常规血生化指标、血清性激素水平均未发现由转基因受试物引起的改变。F_0、F_1、F_2代各组母鼠雌妊娠哺乳期体重、各项繁殖指标、胚胎着床数、生殖器官（子宫、卵巢）的重量及相应脏器系数等均未发现由转基因受试物引起的改变；F_1代2组母鼠的交配成功率低于3组，且差异有统计学意义。F_0、F_1、F_2、F_3代各组雄鼠的精子总数、精子畸形率、精子活力、生殖器官（即睾丸、附睾、前列腺、精囊腺）的重量及相应脏器系数均未发现统计学差异。F_1、F_2、F_3代各组仔鼠的各项繁殖指标、哺乳期体重变化、早期生理发育指标的达标日龄均未发现显著性差异。

因此，转基因玉米对三代繁殖雌雄大鼠的各时期体重、进食量、血液指标、器官组织病理、生殖系统及子代发育情况无不良影响。

第四节　转基因玉米饲用安全性评价

全球转基因玉米及其副产品大部分用于畜禽饲料的原料。因此，转基因玉米饲用部分的安全性评价具有重要意义。陈亮利用白来航纯系鸡作为模式动物，通过长期多代试验，系统研究转$mCry1Ac$基因玉米的饲用安全性，重点分析了转基因玉米对受试动物的生长发育、肠道健康、器官功能、繁殖性能、免疫反应、肠道微生态等方面的影响。试验共分为5部分内容。

（1）分析转基因玉米（BT）、同源非转基因玉米（CT）和商用非转基因玉米（RF）以及饲粮的营养成分组成，利用仿生法模拟玉米原料及饲粮干物质和能量在各个消化道中的消解规律，为转基因玉米的营养实质等同性仿生评定方法研究提供参考。试验采用单因素完全随机设计，使用单胃动物仿生消化系统模拟饲料原料和饲粮在胃肠道的消化过程，分析CT玉米、BT玉米和RF玉米以及对应的饲粮在不同体外模拟消化阶段的干物质消化率、能量消化率和酶水解物能值的差异。结果表明BT玉米和CT玉米以及饲粮常规概率成分含量和氨基酸组成是相似的。与CT玉米原料及饲粮相比，BT玉米原料及饲粮的干物质和能量消化率在体外消化中没有差异。BT玉米饲粮的酶水解物能值高于CT玉米饲粮（$P=0.02$，CV=1.12%），测值均处于仿生消化系统测试误差范围内（CV≤1.64%）。仿生消化评定方法为转基因饲料营养等同性评价提供了新手段。

（2）研究长期饲喂转$mCry1Ac$基因（BT）玉米饲粮对亲代蛋鸡产蛋性能、蛋品质、肠道结构和形态、组织病理学结构、器官健康和血清生化指标的影响。具体研究方法为：选取55周龄健康的纯系白来航产蛋鸡72只随机分为3个处理，每个处理8个重复，每个重复3只鸡，分别饲喂含61.7%

的同源非转基因玉米、转 *mCry1Ac* 基因玉米和商品非转基因玉米。预饲期2周，试验期12周。分析蛋鸡的体重、产蛋性能（蛋重、产蛋率、产蛋量、日采食量、料蛋比）和蛋品质（蛋重、蛋清重、蛋黄重、蛋壳重、蛋形指数、蛋壳厚度、蛋壳强度、蛋白高度、哈夫单位、蛋黄颜色和蛋白颜色）。在12周饲喂结束后，每个重复屠宰1只鸡，每个处理共屠宰8只鸡，测定屠宰性能和器官重量（心脏、肝脏、脾脏、肺脏、肾脏、胃和卵巢），分析肝脏、脾脏、肾脏和小肠各段的组织结构和形态，并分析肝肾功能相关的血液生化指标。研究结果表明：与同源非转基因玉米相比，长期饲喂转 *mCry1Ac* 基因玉米未对纯系白来航产蛋鸡的产蛋性能、蛋品质、肝肾器官结构和功能产生不利影响；与同源非转基因玉米相比，长期饲喂转 *mCry1Ac* 基因玉米未对产蛋鸡的肠道组织结构和功能产生不利影响，但发现的杯状细胞数量的变化还需结合肠道微生态和长期多代试验结果进行综合分析。

（3）研究长期饲喂转 *mCry1Ac* 基因（BT）玉米饲粮对亲代蛋鸡盲肠食糜微生物区系的影响。选取55周龄的健康纯系白来航产蛋鸡48只随机分为2个处理，每个处理8个重复，每个重复3只鸡，分别饲喂含61.7%的同源非转基因玉米（CT）和转 *mCry1Ac* 基因玉米（BT）。预饲期2周，试验期12周，试验结束后，每个重复屠宰1只鸡，每个处理8只鸡。使用16SrRNA基因高通量测序技术分析盲肠食糜微生物的相对丰度，同时使用Real-time PCR分析微生物相关基因的表达量。与CT玉米组相比，BT玉米盲肠微生物Ace和Chao1丰富度、Shannon指数与覆盖度均没有差异。饲喂BT玉米对盲肠几乎所有微生物相对丰度没有影响；但BT组盲肠微生物 *Ruminococcaceae-unclassified* 的相对丰度低于CT组（$P=0.02$），Real-time PCR定量揭示BT组的 *Bifidobacterium* 和 *Ruminococcaceae* 的表达量与CT组没有显著差异（$P=0.33$）；BT组 *Mucispirillum_schaedleri* 相对丰度显著下降（$P=0.02$）。

（4）研究长期多代饲喂转 *mCry1Ac* 基因（BT）玉米饲粮对子代母鸡

生长和健康的影响。试验分成3个处理，亲代同源非转基因玉米-子代同源非转基因玉米（CT-CT）、亲代转*mCry1Ac*基因玉米-子代转*mCry1Ac*基因玉米（BT-BT）和亲代商品非转基因玉米-子代商品非转基因玉米（RF-RF）。亲代选取55周龄健康纯系白来航产蛋鸡，子代母鸡试验期从1日龄到36周龄。分析子代母鸡的体重和蛋品质（蛋重、蛋清重、蛋黄重、蛋壳重、蛋形指数、蛋壳厚度、蛋壳强度、蛋白高度、哈夫单位、蛋黄颜色和蛋白颜色）。在36周饲喂结束后，每个重复屠宰1只鸡，每个处理共屠宰8只鸡，测定屠宰性能、器官重量（心脏、肝脏、脾脏、肺脏、肾脏和卵巢），分析肝脏、脾脏、肾脏和小肠各段的组织结构和形态，并测定血液生化指标、血常规和性激素水平。同时分离脾脏单核细胞，分析测定免疫细胞亚群。研究结果表明：与同源非转基因玉米相比，长期多代饲喂转*mCry1Ac*基因玉米未对子代母鸡的体重、蛋品质、雌性器官发育、结构和功能、肠道组织结构和功能、免疫指标产生不利影响；长期多代饲喂转*mCry1Ac*基因玉米未对子代母鸡的肝肾器官结构和功能产生不利影响。但BT-BT组肺脏和肾脏相对重量显著低于CT组（$P<0.05$）；与CT-CT组相比，BT-BT组肺脏的绝对重量有降低趋势（$P=0.098$），但与RF-RF组肺脏的绝对重量没有显著差异（$P>0.10$）；组织解剖时并未发现肺组织肿胀、充血、质地变硬等现象。

（5）研究长期饲喂转*mCry1Ac*基因（BT）玉米饲粮对子代公鸡生长和健康的影响。试验分成3个处理，亲代同源非转基因玉米-子代同源非转基因玉米（CT-CT）、亲代转*mCry1Ac*基因玉米-子代转*mCry1Ac*基因玉米（BT-BT）和亲代商品非转基因玉米-子代商品非转基因玉米（RF-RF）。亲代选取55周龄健康白来航产蛋鸡，子代公鸡试验期从1日龄到32周龄。分析子代公鸡的体重和精液品质。在32周饲喂结束后，每个重复屠宰1只鸡，每个处理共屠宰6只鸡，测定屠宰性能、器官重量（睾丸、鸡冠、肉髯、心脏、肝脏、脾脏、肺脏和肾脏），分析肝脏、脾脏、肾脏和小肠各段的组织结构和形态。测定血液生化指标、血常规和性激素水平。同时分离脾脏单核细施，分析测定免疫细胞亚群。研究结果表明：与同源非转基因玉米相比，长期多代饲喂转*mCry1Ac*基因玉米未对公鸡的生产性能、雄性器官发育和功能、肠道组织结构和功能、肝肾器官结构和功能、免疫指标产生影响。

第五节　转基因玉米其他食用安全评价

一、外源基因水平转移

基因是生物体控制性状的基本单位，负责记录和传递遗传信息。作为生物体重要遗传信息的载体，基因的稳定性是保证生物体的基本特征和重要功能。

在转基因玉米安全性评价中，外源转基因成分在生物体肠道中的互作值得关注。消费者的疑虑集中在外源插入基因是否会对机体造成潜在的可能影响。首先需要了解生物体内的消解过程。高等生物体的消化系统可以将大分子物质，如糖类、蛋白质、基因等逐步分解成小分子物质，然后吸收或排出体外。这些小分子物质主要通过以下3个方面与生物体互作：通过机体胃肠道的消化和吸收作为机体的直接供给营养；通过肠道微生物的摄入和吸收作为机体的间接供给营养；通过其他化学互作参与机体可能存在的生化作用。

基因成分的消解主要在消化道中进行。唾液中含有DNA酶和RNA酶，会对基因进行初步分解；之后，消化道中的肠道微生物也会分解核酸；胰腺分泌大的量核酸酶，在十二指肠、回肠等分解掉DNA。目前国内外并没有报道发现在摄入转基因作物或动物产品的动物中检测到外源的转基因残留片段或者外源表达的蛋白质。

假设基因成分通过受体介导的肠上皮细胞吞噬作用，进入到宿主细胞，然而现有研究表明，动物通过日粮摄取的DNA在细胞中检测到的概率很低。主要原因是肠上皮细胞的更新周期很快，这些细胞在几天内就会脱落，随排泄物排出体外。此外，食品中的DNA含量较低，而转基因食品中的外源DNA成分占总DNA含量更低。有研究表明，假设DNA没有降解的情况下，外源DNA的摄入量也只有日粮摄入DNA量（57g）的0.000 094%。

二、肠道菌群的影响

肠道微生物种类复杂，仅在人体肠道中就有上千种细菌。这些肠道微生物往往保持一定稳态。研究表明，一些疾病的发生和发展与肠道微生物菌群结构的变化密切相关。至于具体到疾病与肠道微生物之间的因果关系，相关研究也在开展中。

在转基因成分消解过程中，除有可能进入肠道上皮外，也有可能转移到肠道微生物中。外源DNA要进入生物体肠道微生物细胞中，需要复杂条件。首先，外源DNA必须要具有可以被肠道微生物感受的位点；然后肠道微生物要恰好内吞外源DNA；之后这些外源DNA必须恰好能整合到宿主微生物的基因组中，这就要求外源DNA要有与宿主微生物可以同源重组的基因座或区域；最后，整合外源DNA的肠道微生物就会有可能出现新的表型。目前，现有研究还未发现有转基因食品中的外源基因成分转化到生物体肠道微生物的报道，这也有赖于新型检测技术的发展和进步。

李鹏高等就转基因玉米对SD大鼠的肠道菌群影响进行了相关研究。研究人员将SD大鼠随机分为4组，即分别喂食含有两种不同转基因玉米的T1组和T2组，以及喂食非转基因玉米的N组和喂食普通饲料的C组。大鼠正常饲养，并于第70天采集粪便，测定粪便pH值和氨，并测定主要微生物含量。结果表明，实验前后各组大鼠粪便中的pH值和氨含量值均无明显变化，表明转基因玉米的摄入对肠道微生物代谢并未造成显著性影响。测定的动物粪便中的肠球菌、双歧杆菌、乳杆菌、类杆菌、梭菌和酵母菌数与C组相比均无统计学上的显著性差异。

第六节　转基因玉米食用安全评价典型案例

一、抗虫耐除草剂玉米TC1507食用安全性评价

转基因抗虫玉米TC1507是先锋公司利用Mycogen公司的转*Cry1F*基因玉米植株获得。*Cry1F*基因来自*Bacillus thuringeinsis var. aizawai*的PS811品系。转*Cry1F*基因玉米TC1507品系中除含有*Cry1F*基因外，还含有PPT乙酰基转化酶基因即*PAT*基因。*PAT*基因来自*Streptomyces viridochromogenes*（一种非致病微生物），产生对除草剂草铵磷的耐受性，从而能够筛选出耐草铵膦的Bt品系。PAT蛋白没有已知的对环境不利或毒理作用。自2001年以来，转基因玉米TC1507已经分别在美国、加拿大和阿根廷的主要玉米产区获得商业化种植许可。针对该品系已进行一系列食用安全评价。

（一）TC1507品系及其产品的营养检测

1. TC1507品系及其产品的主要成分分析

对转基因玉米TC1507品系与对照玉米品系的营养成分进行全面分析，包括蛋白质、脂肪、碳水化合物、矿物质和维生素等；抗营养成分和天然毒素分析，包括植酸和胰蛋白酶抑制剂。通过与市场销售的玉米相比较，并进行统计学处理，结果显示，转基因玉米TC1507的遗传改良并未引起主要营养成分变化。食品组分分析结果证实TC1507的各项指标与常规玉米相当，只观察到苏氨酸和谷氨酸含量在文献报道范围之外，但无统计学显著性差异。由转基因玉米TC1507生产的各种食品可被认为与常规玉米生产的食品实质等同，不会影响这些营养成分的吸收利用率或对其他营养成分造成影响。

2. 外源蛋白Cry1F人群摄入水平

采纳各方面的资料评估转入玉米的Cry1F蛋白含量，计算人群每日摄入蛋白总量中可能含有多少Cry1F蛋白。通过计算，1g玉米籽粒含有8.4μg的Cry1F蛋白。由于含量极低，因此在杂交玉米市场上应用Cry1F玉米品系TC1507不会显著增加人类膳食中Cry1F蛋白量或相关Bt蛋白总量。预期在TC1507品系的加工食品中，Cry1F蛋白不能被检出（LOD≤20pg/μg总蛋白）。

（二）外源基因表达产物的安全性评价

通过实验表明，由转基因玉米提取的Cry1F蛋白与由微生物提取的Cry1F蛋白实质等同。由于转基因玉米TC1507中Cry1F蛋白含量极低，且与微生物表达的Cry1F实质等同，故采用微生物Cry1F作为受试物。

1. 外源基因供体的安全性评价

苏云金芽孢杆菌（*Cry1F*基因供体）没有引起毒性或过敏的历史记载，*PAT*基因的供体绿色产色链霉菌也没有具有毒性或引起过敏的报道。

2. 外源基因新生成物质特性和功能

转基因玉米TC1507品系中新生成蛋白有两种：Cry1F蛋白和PAT蛋白。Cry1F蛋白能使TC1507具有高度选择性杀虫特性，PAT蛋白可使TC1507品系对除草剂草铵膦胺盐产生耐受性。Cry1F蛋白在玉米籽粒中的含量为8.4μg/g，PAT蛋白只在叶片中表达。玉米籽粒中Cry1F蛋白在总蛋白中占0.009%，即使每日主食摄入量完全通过TC1507玉米获得，人类膳食中Cry1F蛋白每日摄入量也小于10mg，PAT蛋白在玉米TC1507籽粒中不能检出，因此判定转基因玉米TC1507对人类膳食的总蛋白没有显著影响。

3. 外源基因表达蛋白质是否存在毒性的毒理学检测

外源基因表达蛋白与已知有毒性的蛋白质和抗营养成分（如蛋白酶抑制剂、植物凝集素）在氨基酸序列相似性上的特征分析。采用生物信息学分析方法，未发现Cry1F蛋白和PAT蛋白与已知致敏原具有较高的相似性。另外PAT蛋白在以往的转基因植物中已经进行过安全性评估，研究显示没有潜在的致敏性。

外源基因表达蛋白质对热稳定和胃肠液消化的稳定性研究。通过体外胃液消化试验、体外模拟肠液消化试验、高温、高压来检测由微生物衍生的Cry1F蛋白和PAT蛋白对热和胃肠液消化的稳定性。Cry1F蛋白在体外模拟胃液中1分钟内可完全水解，在75~90℃处理30分钟后即可失活。在模拟肠液中，与其他Cry蛋白一样未发生降解。在体外模拟胃液中PAT蛋白很容易被降解和失活，具酸性和热不稳定性。

4. 外源基因表达蛋白质急性毒性试验

Cry1F蛋白以5 050mg/kg·BW灌胃小鼠，在14天内未发现中毒等情况发生，也未发现其他不利影响。LD_{50}>5 050mg/kg·BW。PAT蛋白以5 000mg/kg·BW灌胃小鼠，在14天内未发现中毒等情况发生，也未发现其他不利影响。LD_{50}>5 000mg/kg·BW。

5. 全食品饲喂试验，转基因玉米TC1507的大鼠90天饲喂试验

对全食品转基因玉米TC1507进行大鼠90天亚慢性毒性试验研究，玉米以33%（国外）或50%（国内）比例掺入饲料，饲喂SD大鼠13周，观察13周内大鼠任何有关毒性的表现。试验结束后通过食物利用率、体重、临床症状、脏体比、病理、血液化学等方面综合评估饲喂全食品对大鼠产生的毒性反应。结果发现，饲喂过程大鼠无一死亡，对雌雄各组大鼠在体重、体重增量、食物利用率上未观察到生物学意义上与食物相关的显著性差异。

就临床毒理特征、大体观察、神经行为学评估、临床病理学观察（包括血液学、临床化学、凝结特征及尿样分析指标）、器官重量、病理全检及切片检查等方面而言，均未观察到各组受试动物有任何与食物相关的毒理学显著性差异。

二、RNA干扰抗虫玉米食用安全评价

孟山都公司2011年研发出转基因品系MON87411，具有抗根虫和耐除草剂草甘膦特性。2015年该根虫防控性状玉米MON87411得到FDA及EPA的最终授权。MON87411在目前广泛使用的生物技术基础上增加RNA干扰技术，是孟山都公司在全球研发的第三个基于RNA技术的产品。在安全评价方面，主要进行以下安全评价内容。

MON87411营养成分分析与传统的玉米实质等同。2011—2012年在阿根廷生产的MON87411和其他20多种玉米进行营养学比较，主要营养成分、抗营养因子、次级代谢物（78种成分）未发现与对照玉米有显著性差异。生物信息学分析发现CP4-EPSPS和CryBb1蛋白与已知过敏原和毒蛋白均无结构相似性。CP4-EPSPS和CryBb1蛋白很快地在模拟胃肠消化液中消化分解。小鼠经口急性毒性试验中未发现经口急性毒性。MON87411 DvSnf7 RNA在作物中表达量从0.091×10^{-3} μg/g·fW（颗粒）到14.4×10^{-3} μg/g·fW（叶片），推算人体对DvSnf7 RNA的摄入量每天小于0.4ng/kg·BW，不会对人体和动物产生不利影响。

MON87411 DvSnf7 RNA以1mg/kg、10mg/kg、100mg/kg的剂量经口给小鼠28天，最高剂量是人食用量的100万倍。结果未发现对体重、进食量、临床行为、血生化、大体病理学以及组织病理学产生不良影响。

三、转基因玉米"双抗12-5"安全性评价

（一）营养学评价

比较3批转基因抗虫耐草甘膦玉米"双抗12-5"与非转基因对照玉米样品中的蛋白质、脂肪、碳水化合物、纤维素、矿物质、维生素、水分、灰分等营养素及抗营养因子植酸含量。结果显示转基因玉米"双抗12-5"与对照玉米"瑞丰-1"样品中的蛋白质、脂肪、纤维素、水分、维生素E、钾、钠、植酸含量无显著性差异（$P>0.05$）。转基因玉米"双抗12-5"与对照玉米相比，灰分含量较高（$P<0.05$），碳水化合物含量较低（$P<0.05$）。因此，转 $Cry1Ab/Cry2Aj$ 和 $G10evo$ 基因抗虫耐草甘膦玉米"双抗12-5"与对照玉米"瑞丰-1"的主要营养成分和抗营养因子含量具有实质等同性。

（二）致敏性评价

Cry1Ab/Cry2Aj和G10evo（EPSPS）重组蛋白通过SORTALLER过敏原数据库进行比对，结果两种重组蛋白均为非致敏原；Cry1Ab/Cry2Aj和G10evo（EPSPS）重组蛋白在模拟胃/肠液中0~15秒内全部消化，表明该两种蛋白在模拟胃/肠液中极易消化，不具消化稳定性，因此这两种蛋白潜在致敏性的风险较低。

（三）毒理学评价

通过外源基因微生物高效表达系统，制备外源基因表达的Cry1Ab/Cry2Aj和G10evo（EPSPS）蛋白，从分子量、质谱分析、免疫原性等方面与植物表达的目的蛋白具有实质等同性。

依据国家标准《食品安全性毒理学评价程序和方法　急性毒性试验》

（GB 15193.03—2003）对转*Cry1Ab/Cry2Aj*和*G10evo*基因抗虫耐除草剂玉米"双抗12-5"的两个外源蛋白进行小鼠的经口急性毒性研究，对两种受试蛋白分别采用一次经口灌胃法测试。受试动物16只，雌雄各半。实验鼠禁食16小时后，以0.2mL/10g·BW灌胃量染毒，剂量为2 000mg/kg·BW。染毒3小时后喂食，随时观察中毒表现及死亡情况，连续观察两周。结果表明，试验动物经口暴露受试蛋白后未见明显中毒症状，观察期内无死亡，各主要脏器未见明显异常，Cry1Ab/Cry2Aj和G10evo（EPSPS）重组蛋白对雌雄小鼠的急性经口毒性均为$LD_{50}>2$ 000mg/kg·BW。

对转*Cry1Ab/Cry2Aj*和*G10evo*基因抗虫耐草甘膦玉米"双抗12-5"与对照玉米饲喂大鼠90天，结果显示在动物体重、进食量、食物利用率、血液学指标、血生化指标等方面虽然部分指标存在差异，但差异范围均在实验室历史对照范围内，未出现剂量反应关系。解剖和组织病理学检查均未见饲喂转基因玉米组的动物脏器出现明显异常。

第六章 转基因玉米生产与贸易

第一节 转基因玉米生产与发展

一、全球转基因玉米生产发展概况

自从第一个转基因玉米品种（Yield Gard，Mon-Santo）于1995—1996年度在美国EPA和FDA注册使用以来，据国际农业生物技术应用服务组织（The International Service for the Acquisition of Agri-biotech Applications，ISAAA）数据统计，截至2019年4月，全球共有229个转基因玉米事件在34个国家或地区累计获得2 074项用于粮食、饲料或种植的监管审批，主要由孟山都、先正达、杜邦、陶氏益农、拜尔、Genective S.A.、Renessen LLC、Stine Seed Farm Inc等公司研发，涉及性状包括单一性状的抗虫、抗除草剂、品质改良和授粉控制系统，以及同时兼具多个改良性状的复合性状，如抗虫、抗除草剂，抗虫、抗除草剂和品质改良等（表6-1）。转基因玉米事件中种植与加工应用最多的国家或地区为日本（199个）、墨西哥（85个）、韩国（82个）、中国台湾（79个）、加拿大（67个）、哥伦

比亚（54个）、菲律宾（52个）、欧盟（52个）、阿根廷（51个）、巴西
（46个）、美国（43个），中国列第14位（21个）。获得监管审批最多的5
个转基因玉米事件分别是：抗虫玉米MON810（获得32个国家和地区62个批
文）、耐除草剂玉米NK603（获得29个国家和地区61个批文），抗虫玉米
Bt11（获得26个国家和地区53个批文）、抗虫耐除草剂玉米TC1507（获得
26个国家和地区53个批文）、抗虫玉米MON89034（获得25个国家和地区
51个批文）（表6-2）。

表6-1 全球已批准的玉米转基因事件汇总

序号	转基因事件名称	性状	研发单位	批复国家数量
1	32138	单一性状：授粉控制系统	杜邦	2
2	3272	单一性状：品质改良	先正达	16
3	3272×Bt11	复合性状：除草剂、抗虫、品质改良	先正达	1
4	3272×Bt11×GA21	复合性状：除草剂、抗虫、品质改良	先正达	1
5	3272×Bt11×MIR604	复合性状：抗虫、品质改良	先正达	1
6	3272×BT11×MIR604×GA21	复合性状：除草剂、抗虫、品质改良	先正达	6
7	3272×Bt11×MIR604×TC1507×5307×GA21	复合性状：除草剂、抗虫、品质改良	先正达	5
8	3272×GA21	复合性状：除草剂、品质改良	先正达	1
9	3272×MIR604	复合性状：抗虫、品质改良	先正达	1
10	3272×MIR604×GA21	复合性状：除草剂、抗虫、品质改良	先正达	1
11	4114	复合性状：除草剂、抗虫	先正达	11
12	5307	单一性状：抗虫	先正达	16
13	5307×GA21	复合性状：除草剂、抗虫	先正达	
14	5307×MIR604×Bt11×TC1507×GA21	复合性状：除草剂、抗虫	先正达	6
15	5307×MIR604×Bt11×TC1507×GA21×MIR162	复合性状：除草剂、抗虫	先正达	8
16	59122	复合性状：除草剂、抗虫	先正达	18
17	59122×DAS40278	复合性状：除草剂、抗虫	先正达	1
18	59122×GA21	复合性状：除草剂、抗虫	先正达	1

（续表）

序号	转基因事件名称	性状	研发单位	批复国家数量
19	59122×MIR604	复合性状：除草剂、抗虫	先正达	1
20	59122×MIR604×GA21	复合性状：除草剂、抗虫	先正达	1
21	59122×MIR604×TC1507	复合性状：除草剂、抗虫	先正达	1
22	59122×MIR604×TC1507×GA21	复合性状：除草剂、抗虫	先正达	1
23	59122×MON810	复合性状：除草剂、抗虫	杜邦	1
24	59122×MON810×MIR604	复合性状：除草剂、抗虫	杜邦	1
25	59122×MON810×NK603	复合性状：除草剂、抗虫	杜邦	1
26	59122×MON810×NK603×MIR604	复合性状：除草剂、抗虫	杜邦	1
27	59122×MON88017	复合性状：除草剂、抗虫	孟山都、陶氏益农	2
28	59122×MON88017×DAS40278	复合性状：除草剂、抗虫	陶氏益农	1
29	59122×NK603	复合性状：除草剂、抗虫	杜邦	9
30	59122×NK603×MIR604	复合性状：除草剂、抗虫	杜邦	1
31	59122×TC1507×GA21	复合性状：除草剂、抗虫	先正达	1
32	676	复合性状：除草剂、授粉控制系统	杜邦	1
33	678	复合性状：除草剂、授粉控制系统	杜邦	1
34	680	复合性状：除草剂、授粉控制系统	杜邦	1
35	98140	复合性状：除草剂	杜邦	7
36	98140×59122	复合性状：除草剂、抗虫	陶氏益农、杜邦	1
37	98140×TC1507	复合性状：除草剂、抗虫	陶氏益农、杜邦	1
38	98140×TC1507×59122	复合性状：除草剂、抗虫	陶氏益农、杜邦	1
39	Bt10	复合性状：除草剂、抗虫	先正达	1
40	Bt11（×4334CBR，×4734CBR）	复合性状：除草剂、抗虫	先正达	26
41	Bt11×5307	复合性状：除草剂、抗虫	先正达	1
42	Bt11×5307×GA21	复合性状：除草剂、抗虫	先正达	1

序号	转基因事件名称	性状	研发单位	批复国家数量
43	Bt11×59122	复合性状：除草剂、抗虫	先正达	1
44	Bt11×59122×GA21	复合性状：除草剂、抗虫	先正达	1
45	Bt11×59122×MIR604	复合性状：除草剂、抗虫	先正达	1
46	Bt11×59122×MIR604×GA21	复合性状：除草剂、抗虫	先正达	1
47	Bt11×59122×MIR604×TC1507	复合性状：除草剂、抗虫	先正达	1
48	BT11×59122×MIR604×TC1507×GA21	复合性状：除草剂、抗虫	先正达	9
49	Bt11×59122×TC1507	复合性状：除草剂、抗虫	先正达	1
50	Bt11×59122×TC1507×GA21	复合性状：除草剂、抗虫	先正达	1
51	Bt11×GA21	复合性状：除草剂、抗虫	先正达	17
52	Bt11×MIR162	复合性状：除草剂、抗虫	先正达	9
53	Bt11×MIR162×5307	复合性状：除草剂、抗虫	先正达	1
54	Bt11×MIR162×5307×GA21	复合性状：除草剂、抗虫	先正达	1
55	Bt11×MIR162×GA21	复合性状：除草剂、抗虫	先正达	13
56	BT11×MIR162×MIR604	复合性状：除草剂、抗虫	先正达	2
57	BT11×MIR162×MIR604×5307	复合性状：除草剂、抗虫	先正达	1
58	Bt11×MIR162×MIR604×5307×GA21	复合性状：除草剂、抗虫	先正达	1
59	Bt11×MIR162×MIR604×GA21	复合性状：除草剂、抗虫	先正达	11
60	Bt11×MIR162×MIR604×MON89034×5307×GA21	复合性状：除草剂、抗虫	先正达	3
61	BT11×MIR162×MIR604×TC1507	复合性状：除草剂、抗虫	先正达	1
62	BT11×MIR162×MIR604×TC1507×5307	复合性状：除草剂、抗虫	先正达	1
63	Bt11×MIR162×MIR604×TC1507×GA21	复合性状：除草剂、抗虫	先正达	1
64	Bt11×MIR162×MON89034	复合性状：除草剂、抗虫	先正达	3
65	Bt11×MIR162×MON89034×GA21	复合性状：除草剂、抗虫	先正达	5
66	Bt11×MIR162×TC1507	复合性状：除草剂、抗虫	先正达	2

序号	转基因事件名称	性状	研发单位	批复国家数量
67	Bt11 × MIR162 × TC1507 × 5307	复合性状：除草剂、抗虫	先正达	1
68	Bt11 × MIR162 × TC1507 × 5307 × GA21	复合性状：除草剂、抗虫	先正达	1
69	Bt11 × MIR162 × TC1507 × GA21	复合性状：除草剂、抗虫	先正达	9
70	Bt11 × MIR604	复合性状：除草剂、抗虫	先正达	11
71	Bt11 × MIR604 × 5307	复合性状：除草剂、抗虫	先正达	1
72	Bt11 × MIR604 × 5307 × GA21	复合性状：除草剂、抗虫	先正达	1
73	BT11 × MIR604 × GA21	复合性状：除草剂、抗虫	先正达	9
74	Bt11 × MIR604 × TC1507	复合性状：除草剂、抗虫	先正达	1
75	Bt11 × MIR604 × TC1507 × 5307	复合性状：除草剂、抗虫	先正达	1
76	Bt11 × MIR604 × TC1507 × GA21	复合性状：除草剂、抗虫	先正达	1
77	Bt11 × MON89034 × GA21	复合性状：除草剂、抗虫	先正达	1
78	Bt11 × TC1507	复合性状：除草剂、抗虫	先正达	2
79	Bt11 × TC1507 × 5307	复合性状：除草剂、抗虫	先正达	1
80	Bt11 × TC1507 × GA21	复合性状：除草剂、抗虫	先正达	6
81	Bt176（176）	复合性状：除草剂、抗虫	先正达	14
82	BVLA430101	单一性状：品质改良	奥瑞金	1
83	CBH-351	复合性状：除草剂、抗虫	拜耳	1
84	DAS40278	单一性状：除草剂	陶氏益农	16
85	DAS40278 × NK603	复合性状：除草剂	陶氏益农	7
86	DBT418	复合性状：除草剂、抗虫	孟山都	8
87	DLL25（B16）	单一性状：除草剂	孟山都	6
88	GA21	单一性状：除草剂	孟山都	24
89	GA21 × MON810	复合性状：除草剂、抗虫	孟山都	5
90	GA21 × T25	复合性状：除草剂	先正达	5
91	HCEM485	单一性状：除草剂	Stine Seed Farm，Inc（美国）	2
92	LY038	单一性状：品质改良	Renessen LLC（荷兰）	8

（续表）

序号	转基因事件名称	性状	研发单位	批复国家数量
93	LY038×MON810	复合性状：抗虫、品质改良	Renessen LLC（荷兰）、孟山都	2
94	MIR162	单一性状：抗虫	先正达	23
95	MIR162×5307	复合性状：抗虫	先正达	1
96	MIR162×5307×GA21	复合性状：除草剂、抗虫	先正达	1
97	MIR162×GA21	复合性状：除草剂、抗虫	先正达	4
98	MIR162×MIR604	复合性状：抗虫	先正达	2
99	MIR162×MIR604×5307	复合性状：抗虫	先正达	1
100	MIR162×MIR604×5307×GA21	复合性状：除草剂、抗虫	先正达	1
101	MIR162×MIR604×GA21	复合性状：除草剂、抗虫	先正达	2
102	MIR162×MIR604×TC1507×5307	复合性状：除草剂、抗虫	先正达	1
103	MIR162×MIR604×TC1507×5307×GA21	复合性状：除草剂、抗虫	先正达	1
104	MIR162×MIR604×TC1507×GA21	复合性状：除草剂、抗虫	先正达	1
105	MIR162×MON89034	复合性状：抗虫	先正达	4
106	MIR162×NK603	复合性状：除草剂、抗虫	杜邦	3
107	MIR162×TC1507	复合性状：除草剂、抗虫	先正达	3
108	MIR162×TC1507×5307	复合性状：除草剂、抗虫	先正达	1
109	MIR162×TC1507×5307×GA21	复合性状：除草剂、抗虫	先正达	1
110	MIR162×TC1507×GA21	复合性状：除草剂、抗虫	先正达	2
111	MIR604	单一性状：抗虫	先正达	22
112	MIR604×5307	复合性状：抗虫	先正达	1
113	MIR604×5307×GA21	复合性状：除草剂、抗虫	先正达	1
114	MIR604×GA21	复合性状：除草剂、抗虫	先正达	10
115	MIR604×NK603	复合性状：除草剂、抗虫	杜邦	1
116	MIR604×TC1507	复合性状：除草剂、抗虫	先正达	1

（续表）

序号	转基因事件名称	性状	研发单位	批复国家数量
117	MIR604 × TC1507 × 5307	复合性状：除草剂、抗虫	先正达	1
118	MIR604 × TC1507 × 5307 × GA21	复合性状：除草剂、抗虫	先正达	1
119	MIR604 × TC1507 × GA21	复合性状：除草剂、抗虫	先正达	1
120	MON801（MON80100）	单一性状：抗虫	孟山都	1
121	MON802	单一性状：抗虫	孟山都	2
122	MON809	单一性状：抗虫	孟山都	2
123	MON810	单一性状：抗虫	孟山都	32
124	MON810 × MIR162	复合性状：抗虫	杜邦	3
125	MON810 × MIR162 × NK603	复合性状：除草剂、抗虫	杜邦	2
126	MON810 × MIR604	复合性状：抗虫	杜邦	1
127	MON810 × MON88017	复合性状：除草剂、抗虫	孟山都	10
128	MON810 × NK603 × MIR604	复合性状：除草剂、抗虫	杜邦	
129	MON832	单一性状：除草剂	孟山都	2
130	MON863	单一性状：抗虫	孟山都	18
131	MON863 × MON810	复合性状：抗虫	孟山都	8
132	MON863 × MON810 × NK603	复合性状：除草剂、抗虫	孟山都	10
133	MON863 × NK603	复合性状：除草剂、抗虫	孟山都	7
134	MON87403	单一性状：产量	孟山都	7
135	MON87411	复合性状：除草剂、抗虫	孟山都	11
136	MON87419	复合性状：除草剂	孟山都	10
137	MON87427	单一性状：除草剂	孟山都	18
138	MON87427 × 59122	复合性状：除草剂、抗虫	孟山都	1
139	MON87427 × MON87460 × MON89034 × TC1507 × MON87411 × 59122	复合性状：除草剂、抗虫、非生物胁迫耐受性	孟山都	2
140	MON87427 × MON88017	复合性状：除草剂、抗虫	孟山都	1
141	MON87427 × MON88017 × 59122	复合性状：除草剂、抗虫	孟山都	1
142	MON87427 × MON89034	复合性状：除草剂、抗虫	孟山都、巴斯夫	1

（续表）

序号	转基因事件名称	性状	研发单位	批复国家数量
143	MON87427 × MON89034 × 59122	复合性状：除草剂、抗虫	孟山都	1
144	MON87427 × MON89034 × MIR162 × MON87411	复合性状：除草剂、抗虫	孟山都	4
145	MON87427 × MON89034 × MIR162 × NK603	复合性状：除草剂、抗虫	孟山都	5
146	MON87427 × MON89034 × MON88017	复合性状：除草剂、抗虫	孟山都	5
147	MON87427 × MON89034 × MON88017 × 59122	复合性状：除草剂、抗虫	孟山都	1
148	MON87427 × MON89034 × NK603	复合性状：除草剂、抗虫	孟山都	5
149	MON87427 × MON89034 × TC1507	复合性状：除草剂、抗虫	孟山都	1
150	MON87427 × MON89034 × TC1507 × 59122	复合性状：除草剂、抗虫	孟山都	1
151	MON87427 × MON89034 × TC1507 × MON87411 × 59122	复合性状：除草剂、抗虫	孟山都	3
152	MON87427 × MON89034 × TC1507 × MON87411 × 59122 × DAS40278	复合性状：除草剂、抗虫	孟山都	2
153	MON87427 × MON89034 × TC1507 × MON88017	复合性状：除草剂、抗虫	孟山都	1
154	MON87427 × MON89034 × TC1507 × MON88017 × 59122	复合性状：除草剂、抗虫	孟山都	4
155	MON87427 × TC1507	复合性状：除草剂、抗虫	孟山都	1
156	MON87427 × TC1507 × 59122	复合性状：除草剂、抗虫	孟山都	1
157	MON87427 × TC1507 × MON88017	复合性状：除草剂、抗虫	孟山都	1
158	MON87427 × TC1507 × MON88017 × 59122	复合性状：除草剂、抗虫	孟山都	1
159	MON87460	单一性状：非生物胁迫耐受性	孟山都、巴斯夫	19
160	MON87460 × MON89034 × MON88017	复合性状：除草剂、抗虫、非生物胁迫耐受性	孟山都	6
161	MON87460 × MON89034 × NK603	复合性状：除草剂、抗虫、非生物胁迫耐受性	孟山都	6
162	MON87460 × NK603	复合性状：除草剂、非生物胁迫耐受性	孟山都	5

（续表）

序号	转基因事件名称	性状	研发单位	批复国家数量
163	MON87460 × MON88017	复合性状：除草剂、抗虫、非生物胁迫耐受性	孟山都	1
164	MON88017	复合性状：除草剂、抗虫	孟山都	24
165	MON88017 × DAS40278	复合性状：除草剂、抗虫	陶氏益农	1
166	MON89034	复合性状：抗虫	孟山都	25
167	MON89034 × 59122	复合性状：除草剂、抗虫	孟山都	2
168	MON89034 × 59122 × DAS40278	复合性状：除草剂、抗虫	陶氏益农	1
169	MON89034 × 59122 × MON88017	复合性状：除草剂、抗虫	孟山都、陶氏益农	2
170	MON89034 × 59122 × MON88017 × DAS40278	复合性状：除草剂、抗虫	陶氏益农	1
171	MON89034 × DAS40278	复合性状：除草剂、抗虫	陶氏益农	1
172	MON89034 × GA21	复合性状：除草剂、抗虫	先正达	1
173	MON89034 × MON87460	复合性状：抗虫、非生物胁迫耐受性	孟山都	2
174	MON89034 × MON88017	复合性状：除草剂、抗虫	孟山都	14
175	MON89034 × MON88017 × DAS40278	复合性状：除草剂、抗虫	陶氏益农	1
176	MON89034 × NK603	复合性状：除草剂、抗虫	孟山都	15
177	MON89034 × NK603 × DAS40278	复合性状：除草剂、抗虫	陶氏益农	1
178	MON89034 × TC1507	复合性状：除草剂、抗虫	孟山都	2
179	MON89034 × TC1507 × 59122	复合性状：除草剂、抗虫	孟山都、陶氏益农	3
180	MON89034 × TC1507 × 59122 × DAS40278	复合性状：除草剂、抗虫	陶氏益农	1
181	MON89034 × TC1507 × DAS40278	复合性状：除草剂、抗虫	陶氏益农	1
182	MON89034 × TC1507 × MON88017	复合性状：除草剂、抗虫	孟山都、陶氏益农	2
183	MON89034 × TC1507 × MON88017 × 59122	复合性状：除草剂、抗虫	孟山都、陶氏益农	10
184	MON89034 × TC1507 × MON88017 × 59122 × DAS40278	复合性状：除草剂、抗虫	陶氏益农	5

（续表）

序号	转基因事件名称	性状	研发单位	批复国家数量
185	MON89034 × TC1507 × NK603	复合性状：除草剂、抗虫	孟山都、陶氏益农	12
186	MON89034 × TC1507 × NK603 × DAS40278	复合性状：除草剂、抗虫	陶氏益农	7
187	MON89034 × TC1507 × NK603 × MIR162	复合性状：除草剂、抗虫	陶氏益农	8
188	MON89034 × TC1507 × NK603 × MIR162 × DAS40278	复合性状：除草剂、抗虫	陶氏益农	3
189	MS3	单一性状：授粉控制系统	拜耳	2
190	MS6	单一性状：授粉控制系统	拜耳	1
191	MZHG0JG	复合性状：除草剂	先正达	10
192	MZIR098	复合性状：除草剂、抗虫	先正达	8
193	NK603	单一性状：除草剂	孟山都	29
194	NK603 × MON810 × 4114 × MIR604	复合性状：除草剂、抗虫	先正达、孟山都	6
195	NK603 × MON810	复合性状：除草剂、抗虫	孟山都	14
196	NK603 × T25	复合性状：除草剂	孟山都	10
197	T14	单一性状：除草剂	拜耳	4
198	T25	单一性状：除草剂	拜耳	21
199	T25 × MON810	复合性状：除草剂、抗虫	孟山都、拜耳	2
200	TC1507	复合性状：除草剂、抗虫	陶氏益农、杜邦	26
201	TC1507 × 59122 × MON810 × MIR604 × NK603	复合性状：除草剂、抗虫	杜邦	7
202	TC1507 × MON810 × MIR604 × NK603	复合性状：除草剂、抗虫	杜邦	3
203	TC1507 × 5307	复合性状：除草剂、抗虫	先正达	1
204	TC1507 × 59122	复合性状：除草剂、抗虫	陶氏益农、杜邦	10
205	TC1507 × 5307 × GA21	复合性状：除草剂、抗虫	先正达	1
206	TC1507 × 59122 × DAS40278	复合性状：除草剂、抗虫	陶氏益农	1

（续表）

序号	转基因事件名称	性状	研发单位	批复国家数量
207	TC1507 × 59122 × MON810	复合性状：除草剂、抗虫	杜邦	1
208	TC1507 × 59122 × MON810 × MIR604	复合性状：除草剂、抗虫	杜邦	1
209	TC1507 × 59122 × MON810 × NK603	复合性状：除草剂、抗虫	杜邦	5
210	TC1507 × 59122 × MON88017	复合性状：除草剂、抗虫	孟山都、陶氏益农	2
211	TC1507 × 59122 × MON88017 × DAS40278	复合性状：除草剂、抗虫	陶氏益农	1
212	TC1507 × 59122 × NK603	复合性状：除草剂、抗虫	陶氏益农、杜邦	10
213	TC1507 × 59122 × NK603 × MIR604	复合性状：除草剂、抗虫	杜邦	1
214	TC1507 × DAS40278	复合性状：除草剂、抗虫	陶氏益农	1
215	TC1507 × GA21	复合性状：除草剂、抗虫	杜邦	1
216	TC1507 × MIR162 × NK603	复合性状：除草剂、抗虫	杜邦	4
217	TC1507 × MIR604 × NK603	复合性状：除草剂、抗虫	杜邦	4
218	TC1507 × MON810	复合性状：除草剂、抗虫	陶氏益农、杜邦	10
219	TC1507 × MON810 × MIR162	复合性状：除草剂、抗虫	杜邦	7
220	TC1507 × MON810 × MIR162 × NK603	复合性状：除草剂、抗虫	杜邦	7
221	TC1507 × MON810 × MIR604	复合性状：除草剂、抗虫	杜邦	1
222	TC1507 × MON810 × NK603	复合性状：除草剂、抗虫	杜邦	11
223	TC1507 × MON810 × NK603 × MIR604	复合性状：除草剂、抗虫	杜邦	1
224	TC1507 × MON88017	复合性状：除草剂、抗虫	孟山都、陶氏益农	2
225	TC1507 × MON88017 × DAS40278	复合性状：除草剂、抗虫	陶氏益农	1
226	TC1507 × NK603	复合性状：除草剂、抗虫	陶氏益农、杜邦	15
227	TC1507 × NK603 × DAS40278	复合性状：除草剂、抗虫	陶氏益农	1
228	TC6275	复合性状：除草剂、抗虫	陶氏益农	3
229	VCO-Ø1981-5	单一性状：除草剂	Genective S.A.	4

数据来源：ISAAA，2019年

表6-2　全球转基因玉米事件批复汇总

序号	转基因事件	批复国家或地区数量	直接使用或食品加工	饲料	种植或生产证书	获得批文合计
1	MON810	32	26	22	14	62
2	NK603	29	26	21	14	61
3	Bt11	26	25	19	9	53
4	TC1507	26	24	17	12	53
5	MON89034	25	22	19	10	51
6	GA21	24	23	17	10	50
7	MON88017	24	22	17	6	45
8	T25	21	20	17	6	43
9	MIR162	23	20	15	7	42
10	MIR604	22	21	15	5	41

数据来源：ISAAA，2019年

　　2018年是转基因作物商业化的第23年，26个国家种植1.917亿hm²转基因作物，26个国家/地区中21个为发展中国家，5个为发达国家，发展中国家的种植面积为1.01亿hm²（占53%），发达国家的种植面积占47%。另外44个国家/地区（18个国家/地区和欧盟26国）进口转基因作物用于粮食、饲料和加工，因此，共有70个国家/地区应用转基因作物。2018年，全世界转基因玉米种植面积高达5 890万hm²，有5个国家种植面积超过100万hm²，分别为美国3 317万hm²、巴西1 538万hm²、阿根廷550万hm²、南非216万hm²、加拿大160万hm²。此外，还有12个国家或地区在小范围培育和种植转基因玉米，包括欧盟5个成员国，其中以西班牙和葡萄牙的种植面积最大。从转基因相关目标性状来看，主要是抗虫、耐除草剂、抗虫耐除草剂复合性状，且由单一的Bt或HT转变为多基因多性状叠加，将抗玉米螟和抗根部线虫（RootWorm）基因结合起来，使玉米的地上部和地下部都得到有效保护，再加之耐除草剂基因叠加，使得转基因玉米品种在生产上更具竞争力。

二、美国转基因玉米生产发展概况

美国是世界主要玉米生产国，种植面积、总产和单产均居世界前列。美国统计局2019年公布的"Adoption of Genetically Engineered Crops in the U.S."统计资料显示，转基因玉米推广面积占美国玉米总面积比例由2000年的25%上升至2018年的92%（图6-1）。2018年美国玉米种植面积达3 607万hm²，收获面积达3 309万hm²，其总产也创美国玉米历史新高，高达3.923亿t，占世界玉米总产的近40%。

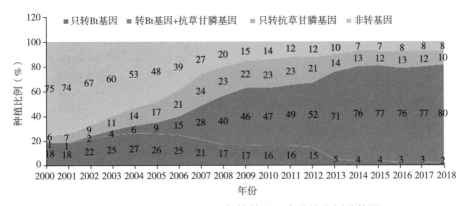

图6-1 美国2000—2018年转基因玉米种植比例趋势图

数据来源：U. S. Department of Agriculture http://www.ers.usda.gov/data-products/adoption-of-genetically-engineered-crops-in-the-us.aspx

美国玉米产量的提高，除先进栽培管理技术、肥水改善、合理轮作、病虫防治和机械化作业外，玉米品种的遗传改良起到决定性因素。美国玉米发展史可分为4个阶段：开放授粉，双交种利用，单交种利用，转基因改良品种利用。图6-2中展示了1867/1868（1867/68）至2017/2018（2017/18）美国玉米总产和收获面积折线图，结合其4个发展阶段可以看出：双交种的使用使玉米单产有了质的飞跃；单交种使用又使单产大幅度提升；转基因玉米的引入使玉米单产再上一个新台阶（图6-2）。

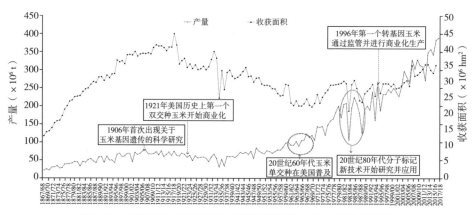

图6-2　1867/68–2017/18年美国玉米面积、总产变化趋势图

数据来源：Feed Grains：Yearbook Tables，https://www.ers.usda.gov/data-products/feed-grains-database/feed-grains-yearbook-tables.aspx

　　美国玉米种植面积最大的州依次为艾奥瓦州、伊利诺伊州、内布拉斯加州、明尼苏达州和印第安纳州。2017—2018年，在美国共有11个州转基因玉米种植面积超过100万hm^2，包括艾奥瓦州、伊利诺伊州、内布拉斯加州、明尼苏达州、印第安纳州、南达科他州、堪萨斯州、威斯康星州、俄亥俄州、密苏里州、北达科他州，转基因玉米种植最大的州为艾奥瓦州，转基因玉米面积达到527万hm^2，占全美转基因玉米面积15.88%，最小的州北达科他州130万hm^2，占玉米面积的3.93%，各州转基因玉米种植面积见图6-3。

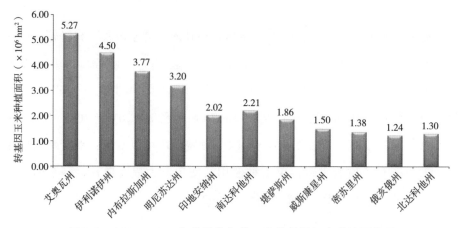

图6-3　2017—2018年美国排名前11位转基因玉米种植面积图

数据来源：U. S. Department of Agriculture

图6-4列出2018年美国及14州不同转基因类型玉米种植比例。全美转基因玉米占92%，其中单一抗虫转基因玉米占比2%，单一耐除草剂转基因玉米占10%，复合性状转基因玉米占比高达80%。从各州来看，转基因玉米种植比例为85%~96%，其中单一抗虫转基因玉米占1%~2%，单一抗除草剂转基因玉米占5%~21%，复合性状转基因玉米占70%~89%。这充分说明转基因玉米在美国种植面积远超非转基因玉米种植面积，复合性状转基因玉米是目前美国主导品种。

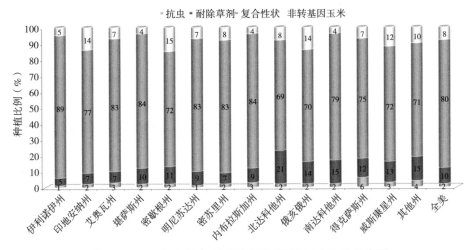

图6-4 2018年美国各州不同类型转基因玉米种植示意图

数据来源：U. S. Department of Agriculture http://www.ers.usda.gov/data-products/adoption-of-genetically-engineered-crops-in-the-us.aspx

截至2018年美国累计批准43个转基因玉米事件用于食用、饲用或种植，涉及*Cry1Ac*、*Cry1Ab*、*bar*、*EPSPS*、*PAT*、*ms45*等相关基因，包括抗虫、耐除草剂、雄性不育等目标性状（表6-3）。

表6-3 美国转基因玉米事件一览表

序号	事件名称	基因	性状	食用批准年	饲用批准年	种植年份
1	32138	*ms45*、*zm-aa1*	雄性不育			2011
2	3272	*amy797E*	增加 α-淀粉酶	2007	2007	2011
3	4114	*Cry1F*、*Cry34Ab1*、*Cry35Ab1*、*PAT*	耐除草剂、抗虫	2013	2013	2013

（续表）

序号	事件名称	基因	性状	食用批准年	饲用批准年	种植年份
4	5307	*eCry3.1Ab*	抗虫	2012	2012	2012
5	59122	*PAT、Cry34Ab1、Cry35Ab1*	耐除草剂、抗虫	2004	2004	2005
6	676	*PAT、dam*	耐除草剂、雄性不育	1998	1998	1998
7	678	*PAT、dam*	耐除草剂、雄性不育	1998	1998	1998
8	680	*PAT、dam*	耐除草剂、雄性不育	1998	1998	1998
9	98140	*zm-hra、gat4621*	耐除草剂	2008	2008	2009
10	Bt11	*PAT、Cry1Ab*	耐除草剂、抗虫	2004	2004	2004
11	Bt176	*Cry1Ab、bar*	耐除草剂、抗虫	1995	1995	1995
12	CBH-351	*bar、Cry9C*	耐除草剂、抗虫	1998	1998	
13	DAS40278	*add-1*	耐除草剂	2011	2011	2014
14	DBT418	*Cry1Ac、bar、pinII*	耐除草剂、抗虫	1997	1997	1997
15	DLL25	*bar*	耐除草剂	1996	1996	1995
16	GA21	*mEPSPS*	耐除草剂	1998	1998	1997
17	HCEM485	*2mEPSPS*	耐除草剂	2012	2012	2013
18	LY038	*cordapA*	改良品质	2005	2005	2006
19	MIR162	*Vip3Aa20*	抗虫	2008	2008	2010
20	MIR604	*mCry3A*	抗虫	2007	2007	2007
21	MON801	*Cry1Ab*	抗虫	1996	1996	1995
22	MON802	*Cry1Ab*	抗虫	1996	1996	1997
23	MON809	*Cry1Ab*	抗虫	1996	1996	1996
24	MON810	*Cry1Ab*	抗虫	1996	1996	1995
25	MON832	*goxv247、CP4-EPSPS（aroA：CP4）*	耐除草剂	1996		
26	MON863	*Cry3Bb1*	抗虫	2001	2001	2003
27	MON87403	*athb17*	产量	2015	2015	2015
28	MON87411	*Cry3Bb1、CP4-EPSPS（aroA：CP4）、dvsnf7*	抗虫、耐除草剂	2014	2014	2015
29	MON87419	*dmo、PAT*	耐除草剂	2016	2016	2016
30	MON87427	*CP4-EPSPS（aroA：CP4）*	耐除草剂	2012	2012	2013
31	MON87460	*cspB*	耐逆（干旱）	2010	2010	2011
32	MON88017	*CP4-EPSPS（aroA：CP4）、Cry3Bb1*	抗虫、耐除草剂	1996	1996	1995
33	MON89034	*Cry2Ab2、Cry1A.105*	抗虫	2007	2007	2008
34	MS3	*barnase*	雄性不育	1996	1996	1996

（续表）

序号	事件名称	基因	性状	食用批准年	饲用批准年	种植年份
35	MS6	*barnase*	雄性不育	1996	1996	1996
36	MZHG0JG	*mEPSPS、PAT*	耐除草剂	2015	2015	2015
37	MZIR098	*eCry3.1Ab、mCry3A、PAT*	抗虫、耐除草剂	2016	2016	2016
38	NK603	*CP4-EPSPS（aroA：CP4）*	耐除草剂	2000	2000	2000
39	T14	*PAT（syn）*	耐除草剂	1995	1995	1995
40	T25	*PAT（syn）*	耐除草剂	1995	1995	1995
41	TC1507	*Cry1Fa2、PAT*	抗虫、耐除草剂	2001	2001	2001
42	TC6275	*moCry1F、bar*	抗虫、耐除草剂	2004	2004	2004
43	VCO-Ø1981-5	*EPSPS、grg23、ace5*	耐除草剂	2013	2013	2013

数据来源：ISAAA GM Approval Database

三、巴西转基因玉米生产发展概况

巴西是世界上继美国之后第二大植物生物技术生产国。至2019年12月，巴西已批准大豆、玉米、棉花、桉树、菜豆（*Phaseolus vulgaris*）等作物的107个转基因事件进行商业化应用，其中玉米60个、棉花20个、大豆19个、甘蔗3个、桉树1个、菜豆1个。2005年巴西批准了转基因玉米，2008年开始商业化种植，发展迅速。

巴西2004/2005—2017/2018年转基因玉米种植面积、玉米总面积、总产和单产的发展情况见图6-5，可以看出以下几点。第一，巴西转基因玉米的种植面积增长非常快，从2008/2009年的120万hm²增至2017/2018年的1 538万hm²，10年增长12.8倍。第二，传统玉米迅速减少，转基因玉米快速普及，2017/2018年达到88.4%。其中复合性状（既抗虫又耐除草剂）转基因玉米占到玉米总面积的70.84%（大约1 142万hm²）；单一抗虫的转基因玉米约330万hm²，占总面积的20.47%；单一耐除草剂的转基因玉米66万hm²，占总面积的4.09%。第三，玉米总产迅速增加，2016/2017年达到8 229万t，比2008/2009年的5 061万t增加3 168万t，年均增长316.8万t。第四，玉米种植面积在波动中缓慢增长，由2008/2009年的1 400万hm²增长到2017/2018年的1 612万hm²。第五，由于玉米总产的增速大大高于面积增速，转基因技术的应用导致巴西玉米单产的大幅提高。根据总产和面积计算，2017/2018年单产达5 104kg/hm²，比2008/2009年的3 614kg/hm²增加1 490kg/hm²，年均增长149kg/hm²，10年增长41.23%，年均增长4.12%。

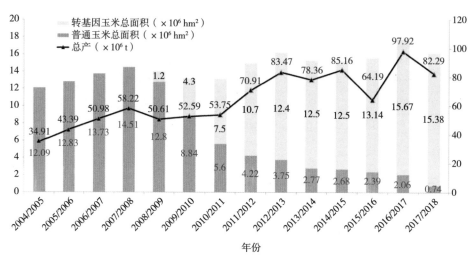

图6-5　2004—2018年巴西转基因玉米发展概况

四、阿根廷转基因玉米生产发展概况

阿根廷是世界上最重要的农产品出口国之一，其可耕种土地面积约为2 720万hm²。玉米是阿根廷传统的种植作物之一，阿根廷玉米主要种植在中部地区，包括布宜诺斯艾利斯省、科尔多瓦省、圣路易斯省、圣达菲省、拉潘帕省、恩特雷里奥斯省等。

阿根廷是世界上继美国和巴西之后的第三大生物技术作物生产国。截至2019年4月，共批准77种生物技术作物品种的生产和商业化，包括玉米51个、大豆17个、棉花7个、紫花苜蓿1个、马铃薯1个。20世纪90年代末引入的转基因大豆带来大豆生产面积的飞速增长，现在已超过1 860万hm²。在批准复合性状转基因事件的使用和商业化之后，阿根廷进入了生物技术发展的新阶段。

2018年是阿根廷种植复合性状转基因玉米的第11个年头。2007年2月，政府简化了复合性状转化事件的审批流程，规定由两种已经获批的转化事件获得的转基因作物，无须重复进行完全分析。2007年8月31日，阿根廷批准第一个复合性状转基因玉米孟山都NK603×MON810；2013年和2014年分别批准抗虫耐除草剂复合性状转基因玉米TC1507×MON810×NK603yTC1507×MON810（先锋公司）、Bt11×MIR162×TC1507×GA21（先正达公司）；2019年批准MON87427×MON89034×MIR162×NK603，此次批准的由孟山都公司开发的抗虫、耐除草剂转基因玉米是自1996年以来阿根廷批准的第60种商业种植转基因作物。

2017/2018年，转基因玉米种植面积占到阿根廷全国玉米种植面积的95%，达550万hm²。其中，抗虫耐除草剂复合性状转基因玉米（Bt×TH）种植面积为440万hm²，单一类型的转基因中，转基因玉米（Bt）约39.05万hm²，耐草甘膦转基因玉米（TH）约52.8万hm²（图6-6）。

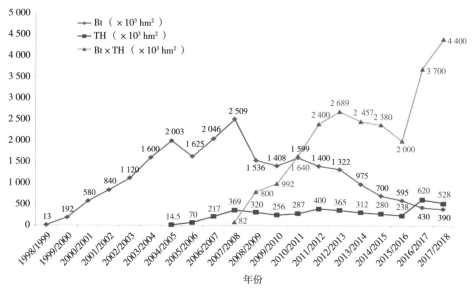

图6-6　1998/1999—2017/2018年度阿根廷转基因玉米种植面积示意图

数据来源：Argentina Annual Biotechnology Report 2018

五、欧盟转基因玉米生产发展概况

自从2007年以来，欧盟的转基因玉米种植面积一直相对稳定，在9.0万~14.0万hm²波动（表6-4）。西班牙一直是欧盟主要的转基因玉米种植国，其种植面积占欧盟总种植面积的85%，其他转基因玉米生产国包括葡萄牙、捷克、波兰、斯洛伐克和罗马尼亚。在西班牙和葡萄牙，转基因玉米主要用于家畜饲料；在捷克和斯洛伐克，转基因玉米主要用于小规模的动物饲养以及生物气体站原料。

表6-4　2007—2019年欧盟各国转基因玉米种植面积情况

	2007	2008	2009	2010	2011	2012	2013	2014	2015	2016	2017	2018	2019
西班牙(hm²)	75 148	79 269	79 706	76 575	97 346	116 307	136 962	131 537	107 749	129 081	124 197	115 246	107 130
葡萄牙(hm²)	4 199	4 856	5 094	4 869	7 724	7 700	8 202	8 542	8 017	7 069	7 036	5 733	4 718
捷克(hm²)	5 000	8 380	6 480	4 678	5 090	3 050	2 560	1 754	997	75	0	0	0
罗马尼亚(hm²)	331	7 146	3 400	822	588	217	834	771	2.5	0	0	0	0
斯洛伐克(hm²)	930	1 930	875	1 281	760	189	100	411	400	122	0	0	0
法国(hm²)	22 135	0	0	0	0	0	0	0	0	0	0	0	0
德国(hm²)	2 685	3 171	0	0	0	0	0	0	0	0	0	0	0
波兰(hm²)	100	300	3 000	3 500	3 900	4 000	0	0	0	0	0	0	0
Bt玉米面积(hm²)	110 528	105 052	98 555	91 725	115 408	131 463	148 658	148 658	143 016	117 116	131 233	120 979	111 848
总玉米面积(×10³hm²)	8 444	8 854	8 284	7 984	9 100	9 720	9 660	9 557	9 252	8 566	8 250	8 260	8 630
Bt玉米占比	1.31%	1.19%	1.19%	1.15%	1.27%	1.35%	1.54%	1.51%	1.33%	1.59%	1.59%	1.46%	1.30%

数据来源：EU-28 Annual Biotechnology Report 2008—2018

六、南非转基因玉米生产发展概况

南非生物技术研究和开发已有30多年的历史，在非洲大陆上处于领先地位。南非的转基因作物生产规模继续扩大，到2014年达到290万hm²，使得南非成为世界上第九大转基因作物生产国，说明南非农民已经应用生物技术并从中获益。转基因玉米种植占南非总生物技术作物种植规模的79%。

玉米是南非的主要作物，其中白玉米主要用于食品，黄玉米主要用于动物饲料。南非的第一个转基因玉米事件（抗虫）于1997年获得批准，从那以后，转基因玉米种植持续稳定地增长。图6-7列出南非过去13年转基因玉米的种植情况。转基因玉米种植面积占整个南非玉米种植总面积从2005/2006生产年度的28.5%增长到2017/2018生产年度的94%，2017/2018年度南非转基因玉米面积达到217万hm²。

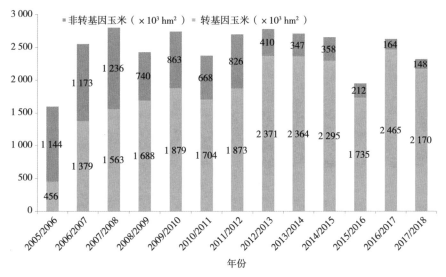

图6-7　2005—2018年南非玉米种植面积

数据来源：Agricultural Biotechnology Annual_Pretoria_South Africa

另一方面，2006/2007年度之前，南非转基因玉米涉及的性状主要是单一抗虫和耐除草剂类型，从2008/2009年度开始种植复合性状的转基因玉米，该类型已由最初的占全部转基因玉米种植面积的5%上升到2017/2018年度的80%，该年度单一Bt、耐除草剂性状占比分别为8%和12%（图6-8、表6-5）。

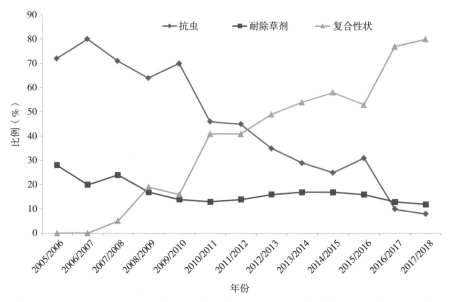

图6-8 2005—2018年南非抗虫、耐除草剂、复合性状转基因玉米占比变化趋势

数据来源：Agricultural Biotechnology Annual_Pretoria_South Africa 2018

表6-5 2005/2006—2017/2018南非不同性状转基因玉米占比 （单位：%）

年份	性状	占比	年份	性状	占比
2005/2006	抗虫	72	2012/2013	抗虫	35
	耐除草剂	28		耐除草剂	16
	复合性状	0		复合性状	49
2006/2007	抗虫	80	2013/1420	抗虫	29
	耐除草剂	20		耐除草剂	17
	复合性状	0		复合性状	54
2007/2008	抗虫	71	2014/2015	抗虫	25
	耐除草剂	24		耐除草剂	17
	复合性状	5		复合性状	58
2008/2009	抗虫	64	2015/2016	抗虫	31
	耐除草剂	17		耐除草剂	16
	复合性状	19		复合性状	53

（续表）

年份	性状	占比	年份	性状	占比
	抗虫	70		抗虫	10
2009/2010	耐除草剂	14	2016/2017	耐除草剂	13
	复合性状	16		复合性状	77
	抗虫	46		抗虫	8
2010/2011	耐除草剂	13	2017/2018	耐除草剂	12
	复合性状	41		复合性状	80
	抗虫	45			
2011/2012	耐除草剂	14			
	复合性状	41			

数据来源：Agricultural Biotechnology Annual_Pretoria_South Africa 2005—2018

第二节 转基因玉米贸易与消费

一、世界转基因玉米贸易概况

目前为止，世界各转基因玉米种植国均未单独统计转基因玉米进出口量，因此，通过相关国家玉米贸易量能大概认识转基因玉米全球贸易情况。世界玉米的贸易量与本国消费和当年玉米产区气候有关。国内玉米消耗大，则出口量小；气候条件差玉米减产，出口量也相应减少。1994/1995至2006/2007贸易年度，玉米出口贸易量趋于平稳，基本在7 000万~8 000万t，从2007/2008贸易年度开始，世界玉米出口贸易量迅速增加，到2015/2016贸易年度世界玉米的总产量为95.91×10^6t，出口贸易量达到143×10^6t，较2014年增加11.71%，2019/2020贸易年度全球玉米贸易量达到174.92×10^6t（图6-9）。

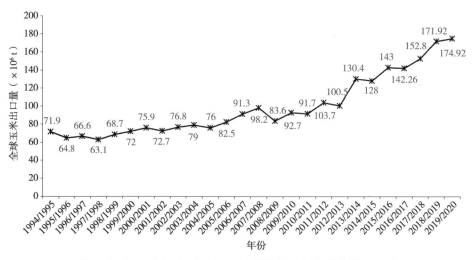

图6-9 1994/1995—2019/2020贸易年度全球玉米出口概况

数据来源：USDA Grain：World Markets and Trade 2020

玉米主要出口国有美国、巴西、阿根廷、乌克兰和南非等（表6-6），除乌克兰外，其余国家是主要的转基因玉米生产国。2019/2020年度，全球玉米出口量达到174.92×10⁶ t，其中美国玉米出口量占世界的26.87%，达47.00×10⁶ t，巴西是全球第二大玉米出口国，当年出口量占全世界的21.15%。此外，阿根廷玉米出口量也大增至36.00×10⁶ t。近两年，乌克兰的玉米出口量同样大增，从2010年的500万t，增加至2019/2020年度的3 200万t，占该国当年玉米总产量的89.16%。其他国家如南非和印度等也是世界玉米主要出口国，但每年出口量不大。

表6-6 2016/2017—2019/2020年度全球主要玉米生产及进出口概况

（单位：×10⁶ t）

国家（地区）	2016/2017	2017/2018	2018/2019	2019/2020
贸易年度出口				
阿根廷	22.95	24.20	32.88	36.00
巴西	19.79	25.12	38.81	37.00
缅甸	1.50	1.40	1.50	1.30
加拿大	1.54	1.97	1.72	1.10

（续表）

国家（地区）	2016/2017	2017/2018	2018/2019	2019/2020
欧盟	2.19	1.75	3.63	4.50
巴拉圭	1.76	1.48	2.56	2.50
俄罗斯	5.59	5.53	2.77	4.20
塞比拉	2.41	0.82	2.84	2.50
南非	1.82	2.36	1.18	2.50
乌克兰	21.33	18.04	30.32	32.00
其他	5.75	6.47	4.53	4.32
小计	86.64	89.13	122.73	0.13
美国	55.62	63.67	49.19	47.00
世界总数	142.26	152.80	171.92	174.92
贸易年度进口				
阿尔及利亚	3.99	4.05	4.82	4.80
孟加拉国	1.18	1.15	1.36	1.40
巴西	0.00	0.94	1.19	1.50
智利	1.48	1.89	2.29	2.60
中国	2.46	3.46	4.48	7.00
哥伦比亚	4.75	5.20	6.05	6.20
多米尼加共和国	1.29	1.33	1.54	1.50
埃及	8.77	9.46	9.37	9.90
欧盟	14.97	18.47	25.21	21.50
危地马拉	0.95	1.09	1.22	1.40
伊朗	7.80	8.90	9.00	9.00
以色列	1.54	1.86	1.61	2.00
日本	15.17	0.02	16.05	16.00
约旦	0.83	0.63	0.74	1.00
肯尼亚	1.00	0.90	0.20	0.90
韩国	9.22	10.02	10.86	11.40
马来西亚	3.53	3.65	3.67	4.00
墨西哥	0.01	16.13	16.66	17.30
摩洛哥	2.22	2.28	2.73	3.00
秘鲁	3.27	3.40	3.69	4.00

（续表）

国家（地区）	2016/2017	2017/2018	2018/2019	2019/2020
沙特阿拉伯	3.42	3.98	3.66	4.00
中国台湾	4.16	4.41	4.51	4.00
突尼斯	1.24	0.96	0.93	1.10
土耳其	1.42	2.72	2.93	3.50
越南	8.50	9.40	11.00	11.00
其他	17.74	16.26	17.89	18.82
小计	137.98	148.21	163.65	168.82
未统计数	2.83	3.75	7.47	4.90
美国	1.45	0.84	0.80	1.20
世界总数	142.26	152.80	0.17	174.92
贸易年度生产				
阿根廷	41.00	32.00	51.00	50.00
巴西	98.50	82.00	101.00	101.00
加拿大	13.89	14.10	13.89	13.38
中国	0.26	259.07	257.33	260.77
埃塞俄比亚	7.85	8.01	8.35	8.50
欧盟	61.88	62.01	64.36	66.63
印度	25.90	28.75	27.72	28.90
印度尼西亚	10.90	11.90	12.00	11.90
墨西哥	27.58	27.57	27.60	25.00
尼日利亚	11.55	10.42	11.00	11.00
巴基斯坦	6.13	5.70	6.10	6.90
菲律宾	8.09	8.08	7.61	8.10
俄罗斯	15.31	13.20	11.42	14.28
南非	17.55	13.10	11.82	16.25
乌克兰	27.97	24.12	35.81	35.89
其他	105.03	107.50	112.09	109.12
小计	742.73	707.52	759.08	767.61
美国	384.78	371.10	364.26	345.89
世界总数	1 127.51	1 078.62	1 123.34	1 113.50

数据来源：Grain：World Markets and Trade USDA 2020

主要玉米进口国家和地区包括阿尔及利亚、哥伦比亚、中国、伊朗、埃及、越南、韩国、日本、墨西哥、欧盟等。其中，2019/2020年度上述国家和地区进口玉米量占世界玉米进口量的65.23%。欧盟是最大玉米进口地区，在2019/2020年度玉米进口量达到21.5×10^6 t，墨西哥是世界第二大玉米进口国，2019/2020年度玉米进口量达到17.3×10^6 t；日本是世界三大玉米进口国，2019/2020年度进口量为16.0×10^6 t，占世界玉米进口贸易量的9.14%；中国玉米进口量从2014/2015年度552万t上升到2019/2020年度的700万t。

截至2018年，我国已批准进口用作加工原料的转基因玉米事件共计20个，累积批准申请82次，涉及性状包括抗虫、耐除草剂、品质、耐旱等，其用途均为加工原料（表6-7）。

表6-7　2004—2018年中国进口用作加工原料的农业转基因玉米审批情况

转基因事件	性状	用途
3272	品质改良	加工原料
59122	抗虫耐除草剂	加工原料
Bt11	抗虫	加工原料
Bt11×GA21	抗虫耐除草剂	加工原料
Bt176	抗虫	加工原料
GA21	耐除草剂	加工原料
MIR162	抗虫	加工原料
MIR604	抗虫	加工原料
MON810	抗虫	加工原料
MON863	抗虫	加工原料
MON87460	耐旱	加工原料
MON88017	抗虫耐除草剂	加工原料
MON89034	抗虫	加工原料
NK603	耐除草剂	加工原料
T25	耐除草剂	加工原料

（续表）

转基因事件	性状	用途
07	抗虫和耐除草剂	加工原料
DAS-4Ø278-9	耐除草剂	加工原料
5307	抗虫玉米	加工原料
MON87427	耐除草剂玉米	加工原料
DP4114	抗虫和耐除草剂	加工原料

数据来源：中华人民共和国农业部http://www.moa.gov.cn/ztzl/zjyqwgz/spxx/

二、全球转基因玉米消费概况

近年来，各国纷纷发展生物能源工业，燃料乙醇消费成为玉米需求增长最主要的拉动因素。除个别年份外，世界玉米消费量呈逐年增加趋势，玉米期终库存先在波动中上升，而后又在波动中下滑。

20世纪80年代中期，世界玉米总消费量为43 000万t；到1989/1990年度，玉米总消费达到47 410万t，其中饲料消费量为32 480万t，占当年总消费量的67.76%，而当年度期终库存为13 290万t，库存消费比为32.09%。2000年以来，玉米需求更加旺盛，消费量更是逐年增加，而期终库存不断下降。2000/2001年度，玉米总消费量为61 000万t，期终库存为17 510万t，库存消费比为28.70%；到2005/2006年度，玉米总消费量达到70 640万t，较2000/2001年度增加15.80%，期终库存降为12 480万t，库存消费比降到17.67%；2010/2011年度，玉米消费量达到83 830万t，为历史新高，而期终库存量仅为12 240万t，库存消费比为14.60%，为历年最低，低于联合国粮农组织规定的17%~18%的粮食安全警戒线，说明国际玉米供求关系趋紧。

最新统计数据表明，2018/2019年度全球玉米消费总量达到$1\,144.49 \times 10^6$ t，其中饲料消费量为702.94×10^6 t，占当年总消费量的61.42%，而当年度期终库存为320.13×10^6 t，库存消费比为27.97%。消费量前五的国家和地区为美国、中国、欧盟、巴西、东南亚各国等，2018/2019年度它们的消费量依次为310.47×10^{6}t、274.00×10^{6}t、88.00×10^{6}t、67.00×10^{6}t、45.30×10^{6}t，其中美国和中国分别占世界总消费量的27.13%和23.94%（表6-8）。

表6-8　2018/2019年度全球玉米消费概况　　　　　　（单位：×10^{6}t）

	初始库存	产量	进口量	饲料	国内消费总量	出口量	剩余库存
全球[1]	341.28	1 123.34	162.92	702.94	1 144.49	181.18	320.13
全球（不包括中国）	118.75	866.01	158.44	511.94	870.49	181.16	109.81
美国	54.37	364.26	0.71	137.93	310.47	52.46	56.41
除美国外的国家合计	286.91	759.08	162.21	565.01	834.02	128.72	263.72
主要出口国[2]	16.12	211.04	2.25	85.9	107.6	111.53	10.28
阿根廷	2.41	51	0.01	9.7	13.8	37.24	2.37
巴西	9.28	101	1.66	57	67	39.75	5.19
俄罗斯	0.2	11.42	0.04	7.6	8.5	2.77	0.38
南非	2.67	11.82	0.51	7	12.5	1.45	1.06
乌克兰	1.57	35.81	0.04	4.6	5.8	30.32	1.29
主要进口国家和地区[3]	23.91	128.86	99.11	170.33	224.97	5.03	21.89
埃及	185	6.8	9.37	13.7	16.2	0	1.81
欧盟[4]	9.82	64.36	25.21	68	88	3.63	7.76
日本	1.39	0	16.05	12.3	16	0	1.44
墨西哥	5.65	27.6	16.66	25.9	44.1	0.72	5.09
东南亚[5]	2.55	29.94	16.46	37.6	45.3	0.68	2.98
韩国	1.85	0.08	10.86	8.56	10.95	0	1.84
其他							
加拿大	2.42	13.89	2.63	9.37	15.16	1.8	198
中国	222.53	257.33	4.48	191	274.00	0.02	210.32

注：1-由于某些国家销售年限，运输谷物和报告差异，世界进出口数据可能不平衡；2-阿根廷、巴西、俄罗斯、南非和乌克兰；3-埃及、欧盟、日本、墨西哥、东南亚和韩国；4-贸易数不包括内部贸易；5-印度尼西亚、马来西亚、菲律宾、泰国和越南。

数据来源：world agriculture supply and demand estimates USDA 2020

第三节 转基因玉米与产业竞争力

一、转基因玉米与生物种业发展

近几十年来，生物技术逐渐成为农业发展的重要推动力，在全球范围内产生了显著的社会、生态和经济效益。世界生物种业结构也发生巨大变化，以原孟山都和原杜邦先锋等为代表的跨国公司凭借所掌握的核心技术迅速发展，成为农业生物技术革命的重要推动者。以全球农作物生物技术领域的专利持有数量作为企业创新能力的重要参考依据。截至2018年，全球专利持有数量前10位的机构中，有2家中国机构（中国科学院、中国农业科学院），1家中国全资跨国种业公司（先正达公司）和6家其他国家的跨国种业公司（为数据准确性，未考虑种业企业并购因素）（图6-10）。综上数据，并合并考虑近年来企业间兼并重组情况，科迪华公司（陶氏+杜邦）的专利持有量为5 414件，排名第一；拜耳公司（拜耳+孟山都）的专利持有量为5 257件，位居第二；先正达公司专利持有量为1 004件，位居第三。专利数据所反映出的企业创新能力与全球种业企业的销售收入排序基本一致，已成为企业科技创新能力支撑其跨越式发展的重要体现。

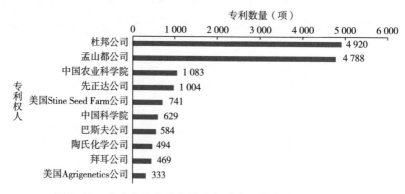

图6-10 全球农作物生物技术领域专利持有量前十位机构

2018年，跨国巨头完成了新一轮并购（表6-9）。陶氏益农与杜邦先锋合并，拜耳收购孟山都，中国化工收购先正达，巴斯夫收购拜耳剥离的种子和非选择性除草剂业务，经过并购重组，传统的六大跨国巨头（孟山都、先锋、先正达、陶氏、拜耳、巴斯夫）变成四大巨头——新拜耳作物、中国化工先正达、科迪华和巴斯夫。此轮并购后，四大巨头的业务构成将形成"种子+农化+精准农业+整体解决方案"的新格局，从而获得更好的业务协同、更强的核心竞争力和更高的市场占有率。这一轮并购后，新拜耳作物在全球种子市场的份额将达到30.8%，科迪华和先正达分别达到28.4%和17.5%（图6-11）。

表6-9　种业六大巨头之间并购重组

并购重组事件	交易规模	交易方案	融资安排
陶氏杜邦合并，并分拆出新的农业板块—科迪华公司	1 480亿美元	对等合并，各持股50%	换股
中国化工收购先正达	全股权收购，合计总成本490亿美元	465美元/股，加5美分特别分红，19.28倍EBITDA	200亿美元股权融资，250亿美元债券融资
拜耳收购孟山都	620亿美元全股权收购，并购后规模860亿美元	128美元/股，比提交交易时溢价44%	发行190亿美元强制性可转债+570亿美元过桥贷款
巴斯夫收购拜耳剥离资产	76亿欧元收购拜耳剥离的种子、除草剂业务，并获得精准农业业务授权	59亿欧元现金收购全球草铵膦除草剂业务，16亿欧元现金收购拜耳剥离种子业务	

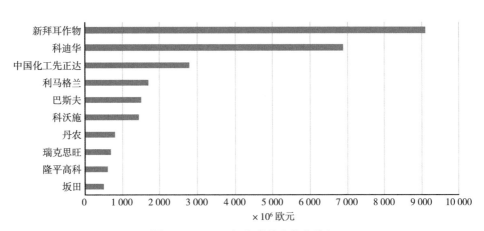

图6-11　2019年全球种业营业收入

数据来源：世界农化网

1. 孟山都公司

孟山都公司创始于1901年，是转基因作物种子的领先生产商，占据了全球多种农作物种子70%~100%的市场份额。目前，孟山都在转基因领域具有绝对优势，拥有抗农达玉米、棉花和大豆等众多优势产品。21世纪以来，该公司凭借转基因技术优势，超越杜邦先锋成为全球最大种业公司，2018年，德国拜耳公司以620亿美元价格，全资收购孟山都公司。

孟山都公司1998开启了大规模种业并购的战略，每年都会进行大大小小数十项并购（图6-12）。孟山都发展过程中，先后并购了Holden基础种子公司、迪卡公司、Jacob Hartz公司、A sgrow公司、岱字棉公司、圣尼斯公司等。上述并购成为孟山都生物技术成果应用的直接转化载体，亦有效扩张了孟山都的战略版图。同时，孟山都的竞争手段不局限于产业并购。孟山都先后与嘉吉、陶氏、先正达、约翰迪尔等各大企业成立合资或合作研发项目；还资助诸多大学的研发项目，与专业的私人研发公司进行合作等；孟山都成立了专门的投资机构——孟山都成长基金MGV（Monsanto Growth Ventures），对于有价值项目和企业在早期就进行投资和引导，投资从种子轮、天使轮到A轮的各个阶段都有。上述并购和投资形成了一个以资本为纽带的种业科技和产业的生态系统，成为支撑孟山都发展的关键要素。

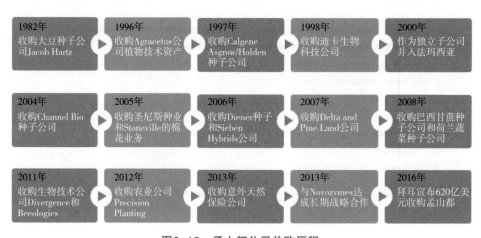

图6-12　孟山都公司并购历程

数据来源：国泰君安证券

从1979年开始，孟山都公司率先组建生物技术核心科研团队。在转基因作物方面，孟山都率先研发了含Bt蛋白抗鳞翅目害虫，和抗"农达"（草甘膦）除草剂玉米、棉花、大豆等转基因作物，遥遥领先所有竞争对手；在转基因技术研发方面，孟山都在花粉管道、农杆菌、基因枪、叶绿体等遗传转化方法上做出了大量的探索，建立了一整套操作规范和评价标准；在转基因的思路方面，它主导了从抗性，到提高产量，再到改善品质，以及低成本生产高附加值产品等进程，持续引领着全球生物技术作物的研发方向。

孟山都持续性的高强度研发投入，为其科技创新领先优势提供有效保障。孟山都公司常年保持着销售收入10%以上的研发投入规模，从2009年开始，孟山都的年研发投入绝对金额均高于10亿美元（图6-13）。研发资金上持续投入保障了孟山都公司的创新活动的顺利开展，通过作物基因组学、蛋白组学、转录组学等一系列研究挖掘了许多优异的基因，融合高通量转基因技术和分子标记辅助选择技术进行分子设计育种，从而创造出了一系列领先的玉米、大豆、棉花等农作物新品种。拥有包括3 135项转基因技术在内的25 313项专项技术，形成耐除草剂、抗虫和耐旱等三大转基因玉米系列，拥有包括阿斯格罗（ASGROW）在内的37个品牌。目前，孟山都公司以生产与销售种子为主营业务，种子净销售额约占公司全部净销售额

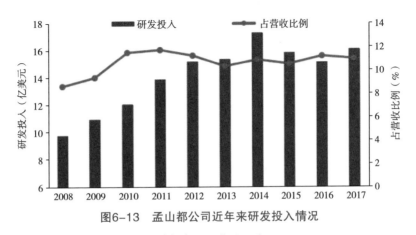

图6-13 孟山都公司近年来研发投入情况

数据来源：观研天下

70%，占据美国本土60%的玉米种子市场，其中转基因玉米种子市场份额在80%以上，并确立其在世界种子市场的影响力。

2. 杜邦先锋公司

原杜邦先锋是一个集科研、繁殖原种、种子生产、加工、推广、销售一体化的国际化的公司，目前在全球近70个国家设立分支机构。与孟山都兼并重组的扩张方式不同，杜邦先锋公司主要通过定制协议，获得自身没有的种质资源，进而扩大业务范围。从1991年开始，与其达成合作的种子企业包括：Mycogen种子公司，（原）孟山都公司和Sunseeds公司，2017年陶氏化学公司（陶氏）与杜邦公司（杜邦）成功完成600亿美元对等合并，易名"陶氏杜邦™"（表6-10）。

表6-10　杜邦先锋公司发展史（1991—2018）

年份	收购合并公司	协议内容
1991	Mycogen种子公司（Mycogen Seeds）	先锋公司支付200万美元给Mycogen种子公司，与其合作开发转基因抗虫玉米、高粱、大豆、油菜籽、向日葵，以及其他种子
1992	（原）孟山都公司	先锋公司支付4.5亿美元获得抗农达转基因大豆种子的使用权
1993	（原）孟山都公司	先锋公司支付3 800万美元获得孟山都公司抗欧洲玉米螟虫的转基因玉米种子使用权
1996	Sunseeds公司	先锋公司通过购买Sunseeds公司20%的股权，获得蔬菜种子的经营权
1997	先锋种子国际公司	杜邦买了先锋公司20%的股份，并且成立一家合资公司"Optimum Quality Grains"
1999	先锋种子国际公司	杜邦以77亿美元买了先锋公司其余的80%的股份，先锋公司和杜邦农业部合并，仍然保留先锋公司的名字。至此，先锋成为杜邦的子公司。
2012	先锋公司	先锋公司正式易名为杜邦先锋"DuPont Pioneer"
2017	陶氏化学公司（陶氏）与杜邦公司（杜邦）	陶氏化学公司（陶氏）与杜邦公司（杜邦）600亿美元成功完成对等合并合并后的实体是一家控股公司，名称为"陶氏杜邦™
2018	杜邦先锋和陶氏农业	合并后的杜邦先锋和陶氏农业被命名为"Corteva Agriscience"科迪华农业科技

原杜邦先锋公司每年科研投入资金占农业领域总收入的10%左右（图6-14），建立了完善的玉米种子产品体系。2015年，公司种子全年净销售额达到82.17亿美元，占杜邦公司农业部门全年净销售额的69%。玉米种子净销售额为56.29亿美元，占种子净销售额46%。

图6-14　2005—2015年美国杜邦先锋公司科研投入

数据来源：杜邦公司数据手册2005—2015 Dupont data book，http://investors.dupont.com/

重视产品差异化创新是杜邦先锋研发所在。截至2016年10月，杜邦先锋公司共拥有种子专利2 552项，主要特点为规模化农业应用与疾病控制、病虫害与杂草控制、价值增值。2013年，杜邦先锋公司拥有种子与农药品牌22个，在售品牌9个，在北美地区主打抗虫系列和抗旱系列玉米种子品牌。最新研发产品包括二代抗旱玉米Pioneer® brand Optimum® AQUAmax®、多性状抗虫玉米Optimum® Leptra™、抗根虫玉米Qrome™。第二代抗旱转基因玉米能在干旱胁迫下保持较高的产量，推广区域包括美洲、非洲、亚洲大部分地区，多性状抗虫耐除草剂玉米Optimum® Leptra™兼具耐草甘膦、草铵膦，抗鳞翅目害虫等复合性状，计划在美国销售。

3. 先正达公司

原先正达公司诞生于20世纪70年代世界种业的第二次兼并重组浪潮。

2000年，阿斯特拉捷利康与诺华公司分别剥离出其农业相关业务，共同组建先正达（Syngenta）公司。与孟山都相似，先正达主要是通过兼并企业实现市场扩张，但是其兼并目标多以中小型企业为主，截至2011年，先正达先后完成超过20项并购。经过并购重组，一方面有效地提升先正达种子市场份额，另一方面也使先正达获得更多种质资源，扩大种子产品的组合空间。2004年，在完成对Golden Harvest公司90%的股份和Advanta公司北美地区玉米和大豆业务两项收购后，先正达在美国玉米和大豆种子市场份额分别达15%与13%。2017年6月8日下午，中国化工集团公司宣布，完成对瑞士先正达公司的交割，收购金额达到430亿，这也成为中国企业最大的海外收购案。自此，美国、欧盟和中国"三足鼎立"全球农化行业格局形成。

2018年，先正达公司总销售额135.23亿美元，较2017年销售额增长7%，其中种子销售额达到30.04亿美元，较2017年销售额增长6%，占公司总业务量的22.21%。其中，玉米大豆是先正达销售规模最大的种子品种，其销售额总额16.93亿美元，占种子总销售额56%。2012—2016年，原先正达公司种子研发占其销售收入比重在8.8%~10%，2016年先正达公司研发投入高达13.0亿美元。

原先正达公司在全球共成立7所研发中心，先后与全球400所大学、科研机构和商业组织建立合作关系以研发创新和合作为基础的发展模式，确保先正达公司技术储备的行业领先地位。2002年，先正达和美国Diversa公司建立生物技术的合作研究平台；2007年先正达向印度推广可食用和作燃料的热带甜菜；2008年先正达同（美国）杜邦先锋签署共同开发玉米抗虫技术的协议，2010年将可以提升水资源利用效率Agrisure Artesian™性状的玉米种子引入美国市场；此外，先正达还开发了抵抗玉米根虫转基因玉米Duracade；专为生产生物乙醇的玉米Enogen，Enogen玉米自带α-淀粉酶酶，使得生物乙醇生产降低水、能源和化学增加物的成本（表6-11）。

表6-11 原先正达公司主要转基因产品

产品	基本特性
Enogen®	加速玉米中的淀粉转化为糖，降低生物乙醇的生产成本
Agrisure®	抗虫性和耐除草剂性
Agrisure® GT	耐草甘膦
Agrisure Artesian™	在水分缺乏的情况下能够减少15%的产量损失
Agrisure® 3000GT	具有三重性状，抗玉米螟虫、玉米根虫，耐草甘膦和草铵膦
Agrisure Viptera™3110	具有三重性状，抗地上害虫和耐草甘膦和草铵膦
Agrisure Viptera™3111	具有三重性状，拥有更强的抗虫性，可控制地上和地面昆虫
Duracade	抵抗玉米根虫

二、转基因玉米与生产减损增效

作物生产潜力是指一个地区单位面积土地上外界环境条件作用下可能获得的最高产量，反映当地作物生产的总体水平，即在一定气候、土壤和农业生产水平下作物可能达到的最高理论产量。潜在产量通常指特定作物在特定二氧化碳浓度、温度和相应光合作用条件下理论上的最大产量，不受任何外界条件限制，如水、营养物质供应以及病虫害影响等。

实际上受外界条件的影响，会导致实际产量与潜在产量之间产生差距。实际产量下降的影响因素大致可分为3大类：第一类为病虫害，对作物产生生理伤害；第二类为杂草，通过竞争水、光照和营养，妨碍作物生长；第三类是毒性，因水涝、土壤酸化或土壤污染造成对作物的毒害作用。通过遗传改良，有可能减少作物实际产量与潜在产量之间的差距。这类变化可通过3种途径达成：第一，可增加潜在产量，比如改良植物冠层结构以增加光能的接收和转化；第二，可通过增强植物对水和营养物质的吸收利用率来缓解可用水和营养物质的限制；第三，减产因素可通过植物保护措施来得到缓解，包括杂草、虫害、病害等不利因素。总的来说，以上3

种改良方向均可通过常规育种、转基因或两种方法组合来实现。比如，20世纪60年代和70年代的常规育种方法培育出半矮秆小麦和水稻，与之前的品种相比，其潜在产量显著提高。人工选择和突变被用于培育抗咪唑啉酮类除草剂的玉米、油菜、水稻等，因此通过喷施除草剂可减少杂草对水、光照和营养物质的争夺。

2010年美国国家研究委员会报告转基因作物的影响，结论是"用于控制有害因素的转基因性状通过减少或加速减少作物损失，从而对产量起到间接影响的作用"。也就是说，转基因技术创制的耐除草剂、抗虫和抗病毒性状并不直接增加作物的潜在产量，但具有缩小实际产量与潜在产量之间差距能力。

2014年美国农业部经济研究局发布第162号研究报告*Genetically Engineered Crops in the United States*，详实介绍了转基因作物减损增效情况。报告指出农民采用新技术时最典型的愿望是增收、省事或少用化学物品。其中纯收益取决于农场地点和特性、投入和产出的价格、现有生产体系、农民能力和管理水平等因素。从美国农民广泛采用转基因种子来看，他们受益匪浅。表6-12是美国农业部农业资源管理调查（ARMS）关于农户为什么选择种植转基因作物的调查结果。从表可见，60%~79%的农户认为种植转基因品种能增产，10%~15%的农户认为种植转基因品种省事省时，5%~20%的农户认为种植转基因品可以减少农药喷施量。该调查结果从农户角度说明为何选择转基因品种，主要因素是转基因作物增产、省事且减少农药用量。

表6-12　美国农户种植转基因作物的问卷调查

转基因作物类型	增加产量（%）	减少农药喷施（%）	节省管理时间、简化管理措施（%）	其他（%）	调查时间
耐除草剂大豆	60	20	15	5	2006
耐除草剂玉米	71	7	13	9	2010
抗虫玉米	77	6	10	7	

（续表）

转基因作物类型	增加产量（%）	减少农药喷施（%）	节省管理时间、简化管理措施（%）	其他（%）	调查时间
耐除草剂棉花	79	5	12	4	2007
抗虫棉花	77	6	12	5	

数据来源：Genetically Engineered Crops in the United States 2014

　　ARMS有关Bt玉米和非Bt玉米的单产和杀虫剂用量或除草剂用量的统计结果列于表6-13。可以看出，Bt玉米平均产量均高于非Bt玉米，说明转基因作物能够增加单产。进一步分析发现，Bt玉米在早期（2005年）显著减少杀虫剂用量，后期（2010年）杀虫剂用量无显著差别，这说明转基因作物总体上减少农药用量。虽然表6-13的结果不是控制条件下的对比试验结果，但ARMS的样本量之大，其他因素的影响可以假定是随机的，所以据此得出的结论基本可靠。

表6-13　美国农业部农业资源管理调查统计

年份	指标	单位	GE	非GE	差值	显著性	概率
2005	单产	kg/hm²	9 728	8 693	1 041	***	<1%
	杀虫剂用量	g 活性成分/hm²	56	101	-45	**	<5%
	价格	美元/t	76.77	79.13	-2.36	NS	>10%
2010	单产	kg/hm²	9 985	8 323	1 662	***	<1%
	杀虫剂用量	g 活性成分/hm²	22	22	0	NS	>10%
	价格	美元/t	212.20	212.59	-0.39	NS	>10%

注：NS-无显著性

　　从1995—2007年公开发表的有关转基因作物对产量、农药用量和净回报影响研究的结果（表6-14）看，在36项关注对产量影响的研究中，25项表明增产，11项产量相同，没有一项研究表明减产。这说明转基因品种虽然直接改良的不是产量性状，但由于减少虫害、草害造成的损失，最终导致相对增产。在14项关注对农药用量影响的研究中，12项表明减少农药用量，1项用量相同，仅1项研究表明农药用量微增。这说明种植转基因品种可以减少农药用量。在28项关注净回报的研究中，19项表明增收，6项表明相同，有3项关于Bt玉米的研究表明是否增收取决于虫害程度。这说明种植转基因品种总体上增收。

表6-14 文献中有关转基因作物对产量、农药用量和净回报影响研究的结果汇总

（单位：项）

转基因作物	研究数量			产量			用药量			净回报		
	合计	试验	调查	增产	相同	未分析	减少	相同	未分析	增加	相同	未分析
HT大豆	10	5	5	5	4	1	2	0	7	5	3	2
HT棉花	6	4	2	1	4	1	1	1	4	2	1	3
HT玉米	4	2	2	1	2	1	1	0	3	2	1	1
Bt棉花	9	3	6	8	1	0	4	0	5	8	0	1
Bt玉米	11	5	6	10	0	1	4	0	7	2	1	5
合计	40	19	21	25	11	4	12	1	26	19	6	12

从公开发表或报告的研究结果来看，转基因作物增产、增收并减少农药用量。上述数据表明，种植转Bt基因玉米会增产，但增产多少受气候、土壤等自然条件及很多因素影响。一般来说，原来的玉米生产水平低、产量低的情况下，增产幅度会较大。对于我国来说，估计玉米增产效果可以达到10%，每年可增加玉米产量5 000万~6 000万t，对保障玉米有效供给具有重要支撑作用。

第四节 转基因玉米产业与经济

一、转基因玉米种植效益

自1996年转基因作物大规模种植以来，农民收入显著获益于生产力和生产效率两个方面。目前，转基因性状作物主要为耐除草剂作物和抗虫作

物，如果不采用该技术，传统种植方法为达到除草和抗虫的目的将耗费更多人力、财力等资源，并导致对生态环境的破坏。耐除草剂作物和抗虫作物能够有效提高传统种植作物的产能和效率，从而带来更大范围的农业增收。表6-15列出1996—2016年全球转基因作物种植收益概况，2016年全球农场收益合计182亿美元，其中增收最大的作物为玉米，其次为棉花和大豆。2016年，全球直接受益于转基因作物的农业收入有182亿美元，这相当于全球四大农作物大豆、玉米、油菜和棉花的产值增加了8.5%。自1996年以来，农业收入增加了1 861亿美元。

表6-15 1996—2016年全球转基因作物种植收益

性状	2016年农业收入增长（×10⁶美元）	1996—2016年农业收入增长（×10⁶美元）	2016年转基因作物额外收益占采用转基因作物国家该作物总产值的比例（%）	2016年转基因作物额外收益占全球该作物总产值的比例（%）
耐除草剂大豆	43 733	54 524.4	4.3	4.0
抗虫耐除草剂大豆	2 490.9	52 115	4.8	23
耐除草剂玉米	2 104.9	13 108.1	2.2	1.2
耐除草剂棉花	130.1	19 16.9	0.5	0.4
耐除草剂油菜	509.9	5 970.9	5.5	1.8
抗虫玉米	4 809.1	50 565.5	5.7	3.1
抗虫棉	3 695.2	53 986.9	13.3	10.2
其他	81.5	817.9	—	—
合计	18 194.9	186 102.1	5.4	8.5

数据来源：英国咨询公司PG Economic Ltd报告 *GM crops: global socio-economic and environmental impacts 1996—2016*

从1996—2016年主要国家转基因作物种植收益情况看，美国收益最大，累计创收795亿美元，其次为阿根廷、印度、巴西和中国，收益均超过190亿美元（表6-16）。据ISAAA统计，截至2016年，转基因玉米累计效益达636.68亿美元，仅2016年种植抗虫玉米产生效益达37.22亿美元。同时，自2014年以来，抗旱玉米效益迅速增加，2016年达到0.2亿美元（表6-17）。

表6-16 1996—2012年主要国家和地区转基因作物种植收益

（单位：×10^{6}美元）

性状	耐除草剂大豆	耐除草剂玉米	耐除草剂棉花	耐除草剂油菜	抗虫玉米	抗虫棉	抗虫耐除草剂大豆	合计
美国	25 626.0	8 450.0	1 135.5	360.9	38 509.9	5 430.5		79 513.3
阿根廷	18 567.0	2 391.9	183.9	N/a	1 108.8	921.0	497.4	23 670.3
巴西	7 220.2	1 831.9	180.3	N/a	6 222.9	134.9	4 207.4	19 797.6
巴拉圭	1 199.1	4.0	N/a	N/a	32.0	N/a	437.1	1 664.2
加拿大	863.5	185.3	N/a	5 520.0	1 457.8	N/a	N/a	8 026.6
南非洲	38.4	65.2	4.8	0	2 173.2	34.5	N/a	2 316.1
中国	N/a	N/a	N/a	0	N/a	19 644.9	N/a	19 644.9
印度	N/a	N/a	N/a	0	N/a	21 121.7	N/a	21 121.7
澳大利亚			113.2	89.9		953.7		1 156.8
墨西哥	6.1	N/a	274.4	N/a		272.1		552.6
菲律宾	N/a	171.0	N/a	N/a	553.0	N/a		724.0
罗马尼亚	44.6							44.6
乌拉圭	183.2	1.4	N/a	N/a	29.6	N/a	69.5	283.7
西班牙	N/a	N/a	N/a	N/a	274.8	N/a		274.8
其他欧盟国家	Na	N/a	N/a	N/a	24.6			24.6
哥伦比亚	N/a	6.0	24.8	N/a	130.0	21.1	N/a	181.9
玻利维亚	775.6	N/a	N/a		N/a	N/a		775.6
缅甸	N/a	N/a	N/a	N/a		358.4		358.4
巴基斯坦	N/a	N/a	N/a	N/a		4 794.3	N/a	4 794.3
布基纳法索	N/a	N/a	N/a	N/a		204.6		204.6
越南	N/a	1.4	N/a	N/a	4.0	N/a	N/a	5.4
洪都拉斯	N/a	N/a	N/a	N/a	11.5	N/a	N/a	11.5

数据来源：英国咨询公司PG Economic Ltd报告*GM crops：global socio-economic and environmental impacts 1996—2016*。

注：农业收入计算是指考虑了对产量、作物质量以及生产成本的主要变量影响之后的农业净收入变化（如种子的支付溢价和农作物保护支出的影响）；N/a表示该国没有种植此作物；美国的总额还包括其他作物或性状的7.575亿美元（不包含在表格中）；表中没有显示的还有来自加拿大转基因抗虫甜菜的107万美元的额外农业收入。

表6-17 转基因玉米产业化的效益

性状	种植期间	累计效益（亿美元）	2016年效益（亿美元）
抗虫玉米	1996—2016年	369.08	37.22
耐除草剂玉米	1997—2016年	131.03	21.05
CRW玉米	2003—2016年	136.24	10.67
抗旱玉米	2014—2016年	0.33	0.20

数据来源：ISAAA，2018

二、转基因玉米与生态环境保护

很多人会担心转基因作物会对环境产生不利的影响，但事实是否如此呢？2013年，"欧洲学术科学咨询委员会（European Academies Science Advisory Council，ESAC）"发布报告*Planting the future：opportunities and challenges for using crop genetic improvement technologies for sustainable agriculture*，指出适当的种植转基因作物可以产生下列相关影响：减少除草剂和杀虫剂对环境的影响，有利于通过推广免耕/少耕的生产系统来减少水土的流失，具有更好的经济和健康的利益，尤其对发展中国家中的小农户而言，减少农业生产过程中温室气体的排放。

显而易见，具有耐除草剂或抗虫功能的转基因作物可以通过减少资源浪费来间接提高农作物产量，从而提高农业效率。此外由于转基因技术使作物具有了耐除草剂功能，这就使免耕法等保护型耕作方式的大面积推广成为可能，从而减少水土流失，保护环境。例如，化肥中的氮、磷等营养物质会随着水土流失流入水体，从而引起水质污染，最终造成水体富营养化，水藻大量地繁殖，导致水中缺乏氧气并产生毒素，最终鱼类被杀死等现象。采取保护型耕作（免耕或少耕）则可以减少对土壤的扰动，从而减少水土流失。

一般来讲，大量使用农药不仅对人们健康有害，而且还会对环境造成污染。具有抗虫和耐除草剂功能的转基因作物可以直接减少农药的使用量。但是大多数人并不清楚转基因作物究竟能帮减少多少农药使用，究竟能使农药对环境的危害程度下降多少。Brookes和Barfoot 2015年的研究表明，全球农业转基因作物对环境有着重要影响。种植具有抗虫和耐除草剂功能的转基因作物使农药使用量减少5.53亿千克，这相当于少喷洒8.6%的农药。若以对环境影响指数（Environmental Impact Quotient，EIQ）来看，这相当于使农药对环境的危害下降19.1%。其中，环境影响指数是以除草剂与杀虫剂对农业劳动者、消费者与生态的影响为基础进行计算而来。

转基因作物具有减少二氧化碳温室排放量的能力。现如今，随着温室气体的大量排放，温室效应也越来越明显，以至于越来越关注碳排放对环境的影响。自1996年转基因作物开始商业化种植以来，转基因作物就已经开始帮助减少碳排放。仅2013一年，转基因作物就减少280亿kg的二氧化碳排放量。这既相当于关闭7.4个火力发电厂，也相当于从公路上移走了1 240万辆汽车，还相当于提供了250万户美国家庭所有能源。

转基因作物主要通过两种方式来减少温室气体排放。第一通过减少农业生产过程中燃油的使用量，从而直接减少温室气体的排放。研究表明：降低温室气体的排放量很大程度上在于减少拖拉机燃油的使用量。第二是通过改变耕作方式，来间接减少温室气体的排放。主要是通过增加土壤中的有机质成分，使更多的碳保留在土壤中。这相当于另一种方式的"碳固定"。计量经济学相关研究指出，"种植耐除草剂作物"与"推广保护型耕作"之间是一种互为因果关系。因此，耐除草剂作物除通过减少除草剂使用量来直接保护环境外，还可以通过鼓励推广保护型耕作的方式间接地保护环境。

综上所述，种植转基因作物，对于生产者而言，可以降低生产成本，增加产量，获取经济利益；对消费者而言，农产品价格下降，农药残留降低，水和环境污染降低，有益于营养健康。

三、转基因玉米与生产方式变革

调查发现，转基因作物为推广保护型耕作方式提供了强大推力。如，美国农业部（USDA）研究报告指出，免耕法的广泛运用很大程度上归功于耐除草剂转基因作物品种的种植。美国农业部数据显示，到2006年大约有86%的耐除草剂大豆品种通过保护型耕作方式进行种植，其中45%采用的是免耕法。相对而言，只有36%的传统大豆品种（非转基因品种）是通过保护型耕作方式进行种植，其中仅有5%采用的是免耕法。相类似的调查结果在玉米种植上也可以看见，转基因耐除草剂玉米的出现使保护型耕作变得更容易。

在转基因耐除草剂技术使用初期，转基因耐除草剂玉米每公顷除草剂活性成分平均使用量比传统玉米平均使用量低$0.6 \sim 0.7 kg/hm^2$。环境负荷（按EIQ指标测量）也是转基因耐除草剂作物比传统玉米低约30%。1996—2012年，传统玉米的除草剂活性成分平均使用量和相关环境负荷（按EIQ指标测量）一直比转基因耐除草剂玉米高。自2006年以来，转基因耐除草剂玉米活性成分使用变化显示，越来越高比例的转基因耐除草剂玉米田按杂草科学家建议额外喷施其他除草剂，包括乙草胺、莠去津、2,4-滴丁酯等，反映出农民越来越多地采用杂草综合治理办法使用多种除草剂，而不是仅仅依赖于一到两种活性成分，以降低产生杂草抗性的风险。

种植转基因抗虫作物，一方面有效控制虫害，降低损失，提高单产。以Bt玉米为例，对于控制鳞翅类害虫，使用Bt技术能够比喷洒农药更具优势。Bt玉米中产生的毒素对于欧洲玉米螟和西南玉米螟100%有效，同时能够一定程度上控制棉铃虫；另一方面减少杀虫剂的使用，减少劳动投入。

7

第七章　转基因玉米安全性
典型案例风险交流

　　近年来，"转基因"频繁出现在各种媒体中，不仅是学术界争论的焦点，更成为平民百姓茶余饭后的话题。"转基因"涉及多个微观领域，如分子生物学、遗传学、生物技术等，其中包含很多复杂、艰涩的知识，既不容易理解，又难形成感性认识。转基因技术打破了物种的界限，实现了基因的跨物种转移，这也颠覆了公众以往对生物进化的通常认知，这些因素都为转基因风险交流工作增加了难度。

　　21世纪以来，转基因技术日新月异、转基因生物不断涌现、转基因产业蓬勃发展，转基因生物的研发与产业化已成为世界各国关注与竞争的焦点。西方发达国家转基因产业的发展历程亦表明，健康和谐的社会环境是其积极有序发展的基础。我国已进入转基因生物产业发展的重要战略发展期，新型基因、复杂转化事件、新功能性状的转基因产品逐渐走进公众视野。因此，在全社会范围内开展高效的转基因生物风险交流具有重要意义。

　　风险交流是风险分析的重要组成部分。风险性分析是世界各国进行食品安全评价的基本原则，是国际食品法典委员会（Codex Alimentarius Commission，CAC）在1997年提出的用于评价食品、饮料、饲料中的添加剂、污染物、毒素和致病菌对人体或动物潜在副作用的科学程序，现已成为国际上开展食品风险性评价、制定风险性评价标准和管理办法以及进行风险性信息交流的基础和通用方法。风险分析由三个部分组成，即风险评价、风险管理、风险交流。其中，风险评价的目的是研究风险发生可能性和风险大小；风险管理的目的是降低风险；风险交流则是在不同个体、组织和机构之间进行观点和信息交换的过程，它贯穿于风险分析的整个过程，目的在于通过公众参与达到对风险分析过程中所涉及问题的认识和理解，使风险评估和风险管理更加科学合理、公正透明。

本章列举国内外发生的与转基因玉米相关安全性典型案例，科学、具体分析案例事实真相，以点带面，提高公众对转基因生物的理性认知，为我国转基因产业发展营造良好的社会氛围。

案例一 大斑蝶事件

1999年5月，康奈尔大学的一个研究组在 *Nature* 杂志发表文章，称在马利筋（一种杂草）叶片上放置转基因抗虫玉米花粉，然后用其饲喂大斑蝶，结果导致44%的大斑蝶幼虫死亡。50%大斑蝶幼虫的栖息地位于美国玉米带中，也就是说在自然条件下，大斑蝶幼虫有很大机会接触到转基因玉米花粉。因此，康奈尔大学的研究结论似乎预示着大规模种植转基因玉米将危害大斑蝶种群。大斑蝶尽管不是濒危种，但它涉及很多敏感问题，例如它的观赏性、在图标设计中的借鉴意义以及令人叹为观止的长达数千公里的迁飞等。

这一事件引起了人们对转基因玉米环境安全性的广泛关注。美国政府高度重视，组织相关大学和研究机构在美国3个州和加拿大开展相关试验。

然而，试验结果表明，转基因玉米不会对大斑蝶产生显著的不良影响。康奈尔大学研究组的试验结果不能反映田间实际情况，缺乏说服力，主要理由有3个：一是玉米花粉相对较大，扩散不远，在玉米地以外5m，每平方厘米马利筋叶片上只找到一粒玉米花粉，远远低于康奈尔大学研究组的试验花粉用量；二是田间试验证明，转基因抗虫玉米花粉对大斑蝶并不构成威胁；三是实验室研究中用10倍于田间的花粉量来喂大斑蝶幼虫，也没有发现对其生长发育有显著的不利影响。

事实上由于转基因抗虫玉米的种植，导致化学农药的大量减少使用，进而保护了自然环境，间接保护了大斑蝶种群。

案例二　墨西哥玉米"基因污染"事件

墨西哥作为世界玉米的起源中心和多样性中心，对于保护种质资源具有重要意义。曾有言论称"墨西哥的传统玉米基因已被转基因玉米污染"，这一事件引起轩然大波，并引发了后续一系列研究。

2001年11月，美国加州大学伯克利分校的微生物生态学家David Chapela和David Quist在*Nature*杂志发表文章，指出在墨西哥南部Oaxaca地区采集的6个玉米品种样本中，发现一段可启动基因转录的DNA序列——"CaMV35S启动子"；同时发现与诺华（Novartis）种子公司代号为"Bt11"的转基因抗虫玉米所含"adh1基因"相似的基因序列。然而，David Chapela和David Quist的文章发表后受到很多科学家的批评，指出其实验在方法学上有很多错误。经反复查证，文中所言测出的"CaMV35S启动子"为假阳性，原作者测出的"adhl基因"是玉米中本来就存在的"adh1-F基因"，与转入Bt11玉米中的外源"adh1-S"基因的基因序列不同。对此，*Nature*杂志于2002年4月11日刊文两篇，批评该论文结论是"对不可靠实验结果的错误解释"，并在同期申明"该文所提供的证据不足以发表"。

　　"墨西哥的传统玉米基因已经完全被转基因玉米污染"这一谣言来自张柠发表在南方都市报上的一篇文章《食品转基因和文化转基因》。事实上，从来没有人声称墨西哥的传统玉米基因已经完全被转基因玉米污染，连一贯在转基因问题上敏感的绿色和平组织也只声称对墨西哥22个地方的检测表明有15个地方被污染，污染率从3%到60%不等。但是科学界认为绿色和平组织检测结果属于假阳性，墨西哥国际小麦玉米改良中心（CIMMYT）发表声明指出，通过对其种质资源库和从田间收集的152份材料进行检测，并未在墨西哥任何地区发现"CaMV35S启动子"与所谓的"基因污染"。

案例三　转基因玉米影响老鼠血液和肾脏事件

　　2005年5月22日，英国《独立报》披露了孟山都公司的一份研究报告。据报告显示，吃了转基因玉米"MON863"的老鼠，血液和肾脏中会出现异常。应欧盟要求，孟山都公司公布了完整的1 139页研究报告，欧盟对安全评价材料及补充实验报告进行分析后，认为《独立报》的报道有断章取义之嫌，转基因玉米"MON863"投放市场不会对人和动物健康造成负面影响。

案例四　转基因玉米影响大鼠肾脏和肝脏事件

　　2009年，de Vendomois等在《国际生物科学杂志》发表论文，称3种转基因玉米"MON810""MON863"和"NK603"对哺乳动物大鼠肾脏和肝脏造成不良影响。欧洲食品安全局转基因小组对论文进行了评审，重新进行统计学分析，认为文中提供的数据不能支持作者的结论。论文中所提出的有关对肾脏和肝脏影响，在欧洲食品安全局转基因生物小组对这3种转基因玉米的安全性做出判断时，就已经评估过，不存在任何新的有不良影响证据，不需要对这些转基因玉米的安全性重新进行评估。

案例五 转基因玉米影响老鼠生殖发育事件

2007年，奥地利维也纳大学兽医学教授约尔根·泽特克领导的研究小组，对孟山都公司研发的转基因耐除草剂玉米NK603和转基因抗虫玉米MON810的杂交品种进行动物实验。在经过长达20周的观察之后，泽特克发现转基因玉米对老鼠的生殖能力存有潜在危险。

事实上，关于转基因玉米是否影响老鼠生殖的问题，共进行了3项研究，而仅有泽特克负责的研究发现了问题。该研究结论发布时，尚未经过同行科学家评审，泽特克在报告时表示，其研究结果很不一致，显得十分粗糙。

两位被国际同行认可的专家John DeSesso和James Lamb事后专门审查及评议了泽特克研究结果，并独立发表声明，认定其中存在严重错误和缺陷，该研究并不能支持任何关于食用转基因玉米MON810和NK603可能对生殖产生不良影响的结论。欧洲食品安全部评价转基因安全性的专家组对泽特克研究结论也发表了同行评议报告，认为根据其提供的数据不能得出科学结论。资料显示，泽特克研究中所涉及的两个转基因玉米品种被世界上20余家监管部门认定是安全的。

案例六 转基因玉米引起广西大学生精子活力下降事件

在转基因玉米对生殖影响方面，我国也出现了"多年食用转基因玉米导致广西大学生男性精子活力下降，影响生育能力"的闹剧。从2010年2月起，一篇题为《广西抽检男生一半精液异常，传言早已种植转基因玉米》的帖子在网络上传播甚广。帖子试图将广西大学生精液异常与种植转基因玉米这两件事联系起来，得出耸人听闻的结论。

其中，广西种植转基因玉米之说，依据的材料是有网络报道称"广西已经和美国孟山都公司从2001年至今在广西推广了上千万亩'迪卡'系列转基因玉米"。实际上迪卡系列玉米是传统的常规杂交玉米，而不是转基因玉米。2010年2月9日，美国孟山都公司在其官方网站公布了"关于迪卡007/008玉米传言的说明"，说明指出迪卡007玉米是孟山都研发的传统常规杂交玉米，于2000年通过广西壮族自治区的品种认定，2001年开始在广西推广种植。迪卡008于2008年通过审定，同年开始在广西地区推广。广西种子管理站在随后的"关于迪卡007/008在广西审定推广情况的说明"中确认了这一说法。2010年3月3日，农业农村部农业转基因生物安全管理办公室负责人在接受中国新闻网记者采访时表示，网上关于"农业部批准进口转基因粮食种子并在国内大面积播种"的消息不实，农业部从未批准任何一种转基因粮食种子进口到中国境内种植。

对于"广西抽检男生一半精液异常"的说法，确有出处，即由广西医科大学第一附属医院男性学科主任梁季鸿领衔完成的《广西在校大学生性健康调查报告》，研究者根本没有提出广西大学生精液异常与转基因有关的观点，而是列出了环境污染、食品中大量使用添加剂、长时间上网等不健康生活习惯等因素。参与该报告调查的梁季鸿助手李广裕根据该调查报告完成了2009年硕士学位论文《217例广西在校大学生志愿者精液质量分析》。该论文最终的结论是"广西地区大学生精液质量异常的情况以精子活率和活力低比较突出，其精子的活率明显低于国内不同地区文献报道的结果。广西地区大学生精子活率、活力低及精子运动能力减弱，可能与前列腺液白细胞异常，精索筋脉曲张，支原体、衣原体感染有关"。可见《广西抽检男生一半精液异常，传言早已种植转基因玉米》文中，第一个说法不属实，第二个说法有明确出处，但与转基因无关。

在影响生殖方面，还有更为耸人听闻的谣言"转基因大豆中的'不明病原体'导致5 000万中国人不育"。事实上造谣者给不出"不明病原体"样本，也没有任何科学家能通过实验来发现这一所谓"病原体"。

案例七 "先玉335"致老鼠减少、母猪流产事件

2010年9月，《国际先驱导报》报道称"山西、吉林等地因种植转基因玉米'先玉335'导致老鼠减少、母猪流产等异常现象"。事件一发生，就引起了农业部及地方农业主管部门的高度重视，并组织专业实验室检测与派遣专家组到现场进行核查。

专业实验室检测表明，"先玉335"根本不是转基因玉米，而国家也并未批准在山西和吉林等地商业化种植转基因玉米。山西省、吉林省有关部门对报道中所称"老鼠减少、母猪流产"的现象进行了核查。据实地考察和农民反映，当地老鼠数量确有减少，这与连续多年统防统治鼠害、禁用剧毒鼠药使天敌数量增加、农户粮仓水泥地增多使老鼠不易打洞、奥运会期间太原市作为备用机场曾做过集中灭鼠等措施直接相关。关于"母猪流产"现象，山西农业厅选派的专家到农户家里走访，得出的结论是"母猪流产现象，与当地实际报道严重不符，属虚假报道"。

自从20世纪90年代以来，关于猪繁殖疾病方面的研究有大量论文发表。有关"母猪流产"的影响因素，研究者们一致认为主要有以下几个方面：病毒、乙型脑炎、布氏杆菌、弓形虫等导致的传染性疾病；母猪怀孕期间使用了不当的疫苗或者药物；配种技术不好；长期食用霉变的饲料或者饲料单一。

《国际先驱导报》这篇报道的作者在文中引用的英文文献存在严重的翻译错误，误将"先玉335"的父本理解为转基因品种，实际上"先玉335"就是两种传统玉米品种PH6WC（母本）和PH4CV（父本）杂交选育

出来的，因其均是美国先锋公司选育出来的，所以作者揣测其是转基因品种。因此，这篇报道被《新京报》评为"2010年十大科学谎言"，是一个彻头彻尾的闹剧。

案例八　谣言"大面积种植转基因玉米致无鼠患"

2018年，一篇题为《鼠患已无，福也？祸也？——东北农村行所见所思所惧》的文章在微信群、网络贴吧、自媒体流传。文章称，黑龙江省宁安市农村大面积种植转基因玉米"禾育187"，当地猪、老鼠等动物食用后出现绝育，"农村已经看不到老鼠了"，引发网民讨论。

为此，有记者于2018年9月16日，在当地江南乡、兰岗镇、宁安镇和海浪镇4个乡镇，随机在10个村10片玉米地里取样，并送往宁安市种子质量监督检验站进行检验，试验结果表明样本不含转基因成分。通过调查走访得知，宁安市农村广泛种植的是非转基因玉米"和育187"，而不是网文中所说的"禾育187"。在农业农村部下属的中国种业大数据平台官网查询发现，"和育187"2012年通过吉林省审定（审定编号：吉审玉2012011），2017年通过国家审定（审定编号：国审玉20170014），在"是否转基因"一栏中均标注为"否"。该平台也查不到网文提及的"禾育187"。

"农村已看不到老鼠了"的说法不实。监测显示，近3年黑龙江平均田间鼠密度、鼠类数量呈增长趋势；未发现宁安市田间老鼠食用某种粮食后大面积绝育；农户家常有老鼠啃食玉米，灭鼠药也在使用。

案例九　"转基因玉米致癌"事件

2012年9月，法国卡昂大学教授塞拉利尼（Gilles-Eric Séralini）在《食品与化学品毒理学》（*Food and Chemical Toxicology*）杂志发表《农达杀虫剂及耐农达转基因玉米的长期毒性研究》（*Long term toxicity of a Roundup herbicide and a Roundup-tolerant genetically modified maize*）文章，声称在大鼠实验中转基因玉米NK603会诱发肿瘤。这一惊人新闻被很多媒体和"反转"人士转发，引起了不小轰动。事实上，这是一个经不起推敲的试验，一篇毫无科学价值的论文。虽然不久后这篇论文被发表期刊撤销，但时至今日仍被"反转"人士当作重要证据。

为平复公众争论，展开了3项研究计划，分别为欧盟资助的"转基因生物风险评估与证据交流"项目、"转基因作物2年安全测试"项目，以及法国资助的"90天以上的转基因喂养"项目。历时6年，3项研究结果均表明，参与实验的转基因玉米品种在动物实验中并没有引发任何负面效应，也没有发现转基因食品存在潜在风险，更没有发现其有慢性毒性和致癌性相关的毒理学效应。相关研究结果在多个期刊及法国植物生物技术协会的报告上进行了发布。

在我国也出现过类似的谣言"中国消费转基因大豆油的区域是肿瘤发病集中区"。这一谣言缺乏流行病学的基本知识，是完全没有事实依据的妄语。

案例十 "草甘膦致癌"事件

转基因耐除草剂作物对特定的除草剂具有抗性，因此在田间喷施特定除草剂，会杀死杂草，但对转基因作物没有影响。草甘膦就是配合转基因作物使用的最广泛的一种除草剂。作为一种广谱灭生性除草剂，草甘膦已经投放市场40余年，目前在全球130多个国家完成了农药登记，是全球最大的农药品种，占据了除草剂的半壁江山。

2015年11月，欧洲食品安全局确定草甘膦不太可能对人类造成致癌危害。2016年5月，联合国粮食及农业组织/世卫组织农药残留会议得出结论，草甘膦不太可能通过暴露和饮食对人类造成致癌风险。2017年12月，美国环保署发布公告重申草甘膦不可能对人类致癌。2018年9月，巴西利亚联邦地区第一法院推翻此前巴西利亚第七区联邦法院暂停草甘膦使用的判决，第一法院的判决基于以下事实：已经获得监管机构批准登记的产品，早已被证实不会对人类健康和环境安全造成威胁，且草甘膦等产品已经使用多年。2019年4月，美国环保署又发布声明称，草甘膦不是致癌物，当前注册的草甘膦产品不会对公众健康产生危害。

案例十一　谣言"美国人不吃转基因玉米，种出来是给中国人吃的"

这一谣言的最早出处已经很难追溯，谣言称美国人大面积种植转基因玉米，但是自己是不吃转基因玉米的，美国人超市里的转基因食品无人问津，美国生产出来的转基因玉米、大豆都卖到了中国，作为潜在的生物武器。

事实上，美国是转基因技术研发的大国，也是转基因食品生产和消费大国。据美国农业部网站公布的数据显示，美国玉米和大豆的种植面积均在90%以上，其中玉米产量的87%在国内消费，出口量仅占13%。而美国国内消费的转基因玉米中，20%为食用。转基因大豆产量的54%为国内消费，出口量占46%，美国国内消费的转基因大豆中，90%都为食用。

据不完全统计，美国国内生产和销售的转基因大豆、玉米、油菜、番茄和番木瓜等植物来源的转基因食品超过3 000个种类和品牌，加上凝乳酶等转基因微生物来源的食品，超过5 000种。许多品牌的色拉油、面包、巧克力、番茄酱、奶酪等或多或少都含有转基因成分。可以说，美国是吃转基因食品种类最多、时间最长的国家。只是在美国，转基因食品是不需要标识的，因此在市场上，普通公众很难区分转基因食品与非转基因食品。

案例十二　谣言"美国已经在全面反思转基因技术"

最初来自一网名为"直言了"的、长年反对转基因的谣言传播者，正式的报道则来自《国际先驱导报》的一篇文章。事实情况与谣言恰恰相反，美国国家科学院在2010年报告《转基因作物对美国农业可持续性的影响》中，再次肯定了此前十几年转基因技术为美国农业及食品行业所做出的贡献，转基因技术为美国农业的发展乃至全球现代农业的发展都作出了巨大贡献。

2016年，美国国家科学、工程和医学院发表了一份针对1996年以来有关转基因作物的900项研究综述，发现转基因作物和传统作物在对人类健康和环境带来的风险方面没有区别。

案例十三　谣言"美国国家科学院论证了 转基因食品有害健康"

2010年各大论坛转载了一篇出自职业"反转"人士"直言了"的文章《英美新报告：转基因神话走向破灭》，文章讲述美国国家科学院2004年的调查报告，显示转基因食品对人类健康、动物健康和生态环境造成危害损失。事实上，这篇文章完全是将美国科学院的报告反着说。2004年，美国国家科学院的确发表了题为《转基因食品的安全性：评估健康受非预期因素影响的方法》的研究报告。报告认为，利用基因工程或者传统方法改造的食物都会有不可预测的风险，应当对改造过的食品逐个进行考察，再决定是否上市。传统的核辐射育种、化学诱变育种要比转基因更具风险性，而并非指责转基因食品是危害人类健康的。

论坛里转载的文章是在故意曲解美国国家科学院的调查报告。其实，美国国家科学院的报告以翔实证据，明确告诉公众转基因食品的安全性。类似的谣言还有"猫狗吃了含转基因成分的宠物粮生病""有机认证的食品绝不含转基因成分""美国许多健康恶化的人士尽最大努力避免任何可能有转基因成分食品"等，都是没有科学依据的。

国际食品法典委员会（CAC）自2003年起先后通过了4个有关转基因生物食用安全性评价指南，转基因生物食用安全性评价主要从营养学评价、新表达物质毒理学评价、致敏性评价等方面进行评估。大多数国家都有专门机构负责转基因食品的食用安全评价，安全评价程序与方法都是按国际食品法典委员会指南制定的。可以说，转基因食品入市前都要通过监管部门严格的安全评价和审批程序，比以往任何一种食品的安全评价都要严格。

案例十四　谣言"欧洲绝对禁止转基因食品"

欧洲是世界上对转基因农产品管理最为严格的地区之一，对转基因作物及其产品一直高度谨慎，但这不代表欧洲禁止转基因食品。2016年，欧盟4国继续种植超过13.6万hm^{2}的转基因玉米：西班牙（129 081hm^2）、葡萄牙（7 069hm^2），斯洛伐克（138hm^2）、捷克（75hm^2）。2017年9月13日，欧盟最高法院——欧盟法院（The European Court of Justice，ECJ）力挺意大利农民支持转基因玉米的种植。欧盟法院表示，在没有证据证明转基因作物对健康和环境有风险的情况下，意大利禁止农民种植转基因玉米MON810是错误的。实际上，欧盟已经是转基因作物的消费大户——主要通过进口牲畜饲料，超过40种转基因产品被正式批准用于食品和饲料，从未产生任何健康或环境问题。

案例十五　谣言"非洲人饿死也不吃转基因玉米"

这则谣言来自一个真实发生的、由"反转"人士造成的惨剧。2001—2002年，非洲南部发生严重旱灾，威胁到津巴布韦、赞比亚、莫桑比克、马拉维等7个国家超过1 500万人的生命。联合国世界粮食计划署提供了15 000t美国玉米作为紧急援助，其中约有1/3是转基因玉米。然而，在食用美国救助的玉米一段时间之后，国际绿色和平组织及国际地球之友通过一系列危言耸听的谣言，让非洲多国对转基因作物产生恐惧，进而让赞比亚总统做出非人道的致命决策，赞比亚开始拒绝继续接受这些救济粮。面对着濒临饿死的百姓们的苦苦哀求，赞比亚总统依然表示"即使我们的人们正在挨饿，也没有理由让我们吃这些有毒的食物"。世界卫生组织估计，当时赞比亚一个月中就有35 000人死于饥荒。这就是"反转控"们迄今还津津乐道的"非洲人宁可饿死也不吃转基因食品"故事的由来。

案例十六　谣言"阿根廷的农业完全被孟山都控制，农民纷纷破产"

这一谣言最初来自一个名叫威廉·恩道尔的美国人。他写了一本充满谎言与冷战思维的畅销书，题目叫《粮食危机：一场不为人知的阴谋》，书中说阿根廷农民因种植转基因作物而纷纷破产。而事实情况与此完全相反，阿根廷农民因种植转基因作物而大幅增长了收入，这其实是转基因技术给农业带来切实好处的一个经典案例。

案例十七 谣言"转基因作物能增产是骗人的，因为没有'增产基因'"

转基因作物能增产是骗人的，因为没有"增产基因"，这一论点来自国内一位著名"反转"人士。事实是，如农药、化肥能够间接增产一样，目前种植最多的抗虫害转基因作物和耐除草剂转基因作物，能减少害虫和杂草为害，减少产量损失，加快了少耕、免耕栽培技术的推广，从而达到增产效果。如巴西、阿根廷等国种植转基因大豆后产量大幅度提高；南非推广种植转基因抗虫玉米后，单产提高了一倍，由玉米进口国变成出口国；印度引进转基因抗虫棉后，也由棉花进口国变成了出口国。

2018年意大利研究人员对1996—2016年这21年间转基因玉米的研究文献进行元分析（meta-analysis）发现，与非转基因品种相比，转基因玉米产量在全球范围内提高了5.6%~24.5%，并可减少最多达36.5%的霉菌毒素污染。上述研究分析来自意大利圣安娜高等研究学院生命科学院的Laura Ercoli等人论文。该论文于2018年2月发表于英国自然（Nature）出版集团旗下的刊物 *Scientific Reports*。

而且，科学家们也正在通过多种途径致力于运用转基因方法直接提高作物产量。2019年研究人员首次证明，通过改变一种促进植物生长的基因，可以将玉米产量提高10%。美国Corteva农业科学公司的研究人员选择在许多植物中常见的一类名为MADS-box基因，然后在其中选择出一种基因（*zmm28*），将其与一种新的启动子融合，并在48种商用玉米中测试了该方法。在2014—2017年的美国玉米种植区田间试验中，研究人员发现，转基因杂交作物的产量通常比对照组作物多3%~5%，有些玉米产量增加了8%~10%，而且不管生长条件是好是坏，这种增产都是存在的。相关研究已经在美国《国家科学院院刊》（*Proceedings of the National Academy of Sciences of the United States of America*）上发表。

案例十八　谣言"黄金玉米是转基因玉米，导致湖南怀化通道玉米绝收"

此谣言出自《每日经济新闻》记者、著名"反转"记者所写的报道。报道与事实严重不符，首先所谓的"黄金玉米"是从美国进口的一种甜玉米，属于传统杂交种，不是转基因玉米。而导致湖南怀化通道玉米绝收的原因是非法种子公司出售的不合格玉米种子，已经被公安部门查处，也与转基因毫无关系。这一张冠李戴的谣言，也曾一度引起轰动。

案例十九　谣言"湖北、广西及东北地区大量耕地因种植转基因玉米报废"

"种植转基因玉米导致耕地报废"这一说法与"种植过转基因作物的土地会寸草不生"属于类似的谣言。经湖北、广西、东北等相关部门核查，湖北、广西及东北地区并未商业化种植转基因玉米，也未发生大量耕地报废的事件。而在湖北省种植过转基因抗虫棉的耕地，地力稳定，产量正常，也根本没有耕地报废的担忧。

案例二十　谣言"种植转基因耐除草剂玉米会产生'超级杂草'"

首先玉米具有几千年的种植历史，可以肯定其演化成杂草的可能性几乎不存在；同时，现在广泛种植的转基因耐除草剂玉米主要对草甘膦这一种除草剂具有耐受性，其他类型除草剂完全可以将其杀死，而且耐草甘膦转基因玉米在其他竞争优势方面与传统玉米并没有明显区别，所以产生除草剂杀不死的"超级杂草"是不可能的，关于"超级杂草"的担心没有必要。

即使是杂草性更强的作物，例如油菜，尽管1995年在加拿大商业化种植的转基因油菜田中，曾在个别田块出现了对与转基因有关的3种除草剂都具有抗性的油菜植株，最后通过改变除草剂类型，均能予以灭除。

案例二十一　谣言"种植转基因抗虫玉米会产生'超级害虫'"

"超级害虫"与"超级杂草"一样，没有科学依据。在农业生产中，长期持续应用同一种农药，害虫往往会产生抗药性，导致农药使用效果下降甚至失去作用，产生该农药难以防治的害虫，这是一种正常的进化现象。实际上，可以利用更换农药、改变作物品种、改变栽培制度等方法有效控制这种害虫，不存在所谓的"超级害虫"。

转基因抗虫作物和农药类似，理论上害虫也会产生抗性。为防止这种现象发生，生产当中已采用多种针对性措施。一是庇护所策略，即在转Bt基因抗虫作物周围种植一定量的非Bt转基因作物作为敏感昆虫的庇护所，通过与抗性昆虫交配而延缓害虫抗性发展；二是双基因/多基因策略，研发并推动具有不同作用机制的转双价或多价基因的抗虫植物；三是严禁低剂量表达的转Bt基因植物进入市场；四是加强害虫对转Bt基因抗虫植物抗性演变的监测。二十多年来，转基因抗虫被大面积种植的实践中，也没有出现所谓的"超级害虫"。

案例二十二　谣言"我国发展转基因技术会陷入资本主义的'专利陷阱'"

利用基因工程技术，包括我们通常说的转基因技术是发展现代农业的重要途径，是世界多个国家的共同选择。资本主义的"专利陷阱"这一说法并不科学。以目前全球转基因作物中应用最为广泛的抗虫Bt基因、耐除草剂*EPSPS*基因为例，据不完全统计，Bt基因在全球共有相关专利超过500项，中国申请占10%左右。其中，"携带编码杀虫蛋白质融合基因的表达载体及其转基因植物""两种编码杀虫蛋白质基因和双价融合表达载体及其应用"等专利是我国转基因抗虫棉的核心技术，获得了国际知识产权组织（WIPO）金奖。我国已利用这些专利技术培育出一系列抗虫棉新品种。关于*EPSPS*基因的专利，中国获得数量为世界第三，位于美国、法国之后。

可见，我国在发展转基因技术与产业的同时，高度重视知识产权的独立性与保护，不存在会陷入资本主义的"专利陷阱"一说。

案例二十三　谣言"市面上卖的甜玉米、圣女果、甘薯、彩椒等都是转基因的"

由于与传统品种在形体、颜色等方面发生差异，甜玉米、圣女果、甘薯、彩椒等经常被误传为是转基因品种，并声称很多转基因品种已在市场上流通，其实真相并非如此。一般情况下，科学家要通过基因复制机（PCR仪）将基因扩增1亿倍左右，然后还要通过特定的仪器进行观测，才能判定是否为转基因品种。因此，仅仅依据外观、色泽、形状、大小、口感等途径判断是否为转基因是不科学的。

甜玉米是普通玉米发生自然基因突变的结果；早期的番茄就如圣女果一般，个头很小，目前市面上的圣女果和大番茄都是经过人类不断地育种改良才出现的优良品种；甘薯的肉色本来就是多样的，有紫、橘红、杏黄、黄、白等，影响甘薯肉色的因素是一种叫花青素的天然色素；彩椒的五颜六色都是天然的，也是因为含有不同类型的花青素。

案例二十四　谣言"虫子吃了都会死的转基因抗虫玉米，人能吃吗？"

如今，被广泛应用的转基因抗虫玉米都是利用一种称为Bt的蛋白，来源于苏云金芽孢杆菌。科学家把苏云金芽孢杆菌中具有抗虫性的Bt基因提取出来，然后组装到一个可以运输基因的载体上，再把载体转移到普通玉米体内，就获得了转Bt基因抗虫玉米。害虫吃玉米时，也吃了Bt基因产生的蛋白质，这种蛋白质在害虫肠道内被激活，造成肠道穿孔，导致害虫死亡。

这种Bt蛋白是一种高度专一的杀虫蛋白，只能与敏感鳞翅目害虫肠道上皮细胞的特异性受体结合，才能被激活，造成害虫死亡。就像一把钥匙开一把锁，人类肠道细胞没有与Bt蛋白结合的特异性受体，因此Bt蛋白不会对人体造成伤害。同时，人类利用Bt制剂作为生物杀虫剂的安全使用记录已有70多年，大规模种植和应用转Bt基因抗虫玉米、转Bt基因抗虫棉花等作物已有20多年，均未出现安全事故。

案例二十五　谣言"转基因食品短期吃没有问题，但长期吃就会有危害；一代人吃了没问题，谁能保证几代人吃没问题？"

这种论调，是"反转"人士抨击转基因食品经常使用的利器，确实也蛊惑了很多不明真相的民众。事实上，任何一种食物都不可能经过几代人的评价才被认为是健康的。例如番茄1830年首次出现在人类的餐桌上时，我们讨论要观察几代人才能吃的问题，可能到现在我们还不能享受到西红柿对人类健康的益处。

转基因食品与非转基因食品的区别就是转基因表达的目标物质，通常是蛋白质，只要转基因表达的蛋白质不是致敏物和毒素，它和食物中的蛋白质没有本质差别，都可以被人体消化、吸收利用，因此不会在人身体里累积，所以不会因为长期食用而出现问题。这与重金属污染是不一样的，重金属不能代谢掉，会逐渐累积，所以才会导致短期吃可能没问题，但长期吃可能会有问题的情况。

值得一提的是，1989年瑞士政府批准的第一个转牛凝乳酶基因的转基因微生物生产的奶酪、1994年转基因番茄在美国批准上市、1996年开始转基因大豆、玉米和油菜大规模生产应用。这些产品经过大规模、长期的食用，没有发现食用安全问题。

案例二十六　谣言"为什么不用人做转基因食品的安全性实验？还是有问题！"

事实上，没有哪一种食品的安全性是通过人体试验来证明的。最主要的原因是人体试验违背伦理，人类不是小白鼠，小白鼠可以日复一日只吃同一种食品，但没有人可以长年累月只吃同一种食品，这一点限制了人体试验。而且人的个体差异较大，无法如小白鼠那样进行科学试验评价。

我们应该明确，转基因生物制成的食品属性是食品而不是药品，不会像药品研发过程中要求的那样完成复杂的临床试验。药物与食品的不同在于药物有明确的功效成分，多为结构清楚的化学物质，药物之所以要做人体实验，是因为通过人体实验，发现药物对人体有确定的、特殊的影响，如疗效或副作用，进行临床实验确定这种作用的同时，往往还要与已知有效药物的疗效或副作用进行比较等。

到目前为止，各国转基因食品安全评价制度中均没有开展人体安全性实验的要求。那是因为科学发展至今，研究出了一系列世界公认的实验模型、模拟实验、动物实验，完全可以代替人体实验。按照国际通行的转基因食品安全评价规范，动物实验已经足以证明其安全性。人体试验没有必要，这已经是科学界的共识。

白树雄，张洪刚，葛星，等，2011. 转*Cry1F*基因玉米花粉对腰带长体茧蜂存活和繁殖的
影响[J]. 植物保护，37（6）：82-85.

曹卫星，2011. 作物栽培学总论[M]. 北京：科学出版社.

陈化榜，2008. 美国转基因玉米的生产概况和发展趋势[J]. 玉米科学，16（3）：1-3.

陈捷，2011. 玉米病害诊断与防治[M]. 2版. 北京：金盾出版社.

陈亮，黄庆华，孟丽辉，2015. 转基因作物饲用安全性评价研究进展[J]. 中国农业科学，
48（6）：1 205-1 218.

陈小文，李吉崇，郭玉海，等，2012. 抗虫转基因玉米荒地生存竞争力评价[J]. 杂草科
学，30（1）：31-34.

崔红娟，束长龙，宋福平，等，2011. 转*Cry1Ah*基因玉米对根际土壤微生物群落结构的影
响[J]. 东北农业大学学报，42（7）：30-38.

崔蕾，白树雄，张天涛，等，2014. 转*Cry1Ie*基因玉米残体对赤子爱胜蚓的生长发育及体
内酶活性的影响[J]. 中国生物防治学报，30（4）：466-471.

崔蕾，王振营，何康来，等，2011a. 转*Cry1Ah*基因玉米花粉对龟纹瓢虫生长发育和成虫
移动能力的影响[J]. 中国生物防治学报，27（4）：564-568.

崔蕾，王振营，何康来，等，2011b. 转*Bt-Cry1Ah*基因玉米花粉对龟纹瓢虫解毒酶和中肠
蛋白酶活性的影响[J]. 生物安全学报，20（1）：64-68.

范春苗，王柏凤，周蕾，等，2018. 土壤跳虫对转*EPSPS*基因耐除草剂玉米CC-2种植的响
应[J]. 农业环境科学学报，37（6）：1 203-1 210.

范云六，黄大昉，彭于发，2012. 我国转基因生物安全战略研究[J]. 中国农业科技导报，
14（2）：1-6.

冯艳杰，葛阳，谭树乾，等，2014. 利用叶蝉评价转基因玉米对非靶标生物的风险[J]. 中
国农学通报，30（30）：71-74.

高翔，周蓉，张立实，2005. 玉米胚芽油辅助降血脂作用人群试验研究[J]. 现代预防医学

（6）：26-27.

高欣欣，全玉东，王振营，等，2018. 转基因玉米表达的Cry1Ab，PAT和EPSPS蛋白对日本通草蛉幼虫的安全风险评估[J]. 植物保护学报，4：663-669.

关海宁，徐桂花，2006. 转基因食品安全评价及展望[J]. 食品研究与开发，4：177-180.

郭井菲，张聪，袁志华，等，2014. 转cry1Ie基因抗虫玉米对田间节肢动物群落多样性的影响[J]. 植物保护学报，41（4）：482-489.

郭梦凡，2018. 转Cry1Ab和EPSPS基因玉米的大鼠三代生殖毒性和子代神经发育毒性评价[D]. 北京：中国疾病预防控制中心.

郭维维，赵宗潮，苏营，等，2014. 转植酸酶基因玉米种植对土壤线虫群落的影响[J]. 应用生态学报，25（4）：1 107-1 114.

郭颖慧，孙红炜，李凡，等，2014a. 转植酸酶基因（PhyA2）玉米对家蚕肠道微生物多样性的影响[J]. 山东农业科学，46（11）：119-123.

郭颖慧，杨正友，孙红炜，等，2014b. 转植酸酶基因（PhyA2）玉米对家蚕生长发育及生化反应的影响[J]. 玉米科学，22（3）：54-59.

国际农业生物技术应用服务组织，2019. 2018年全球生物技术/转基因作物商业化发展态势[J]. 中国生物工程杂志，39（8）：1-6.

郝杰，王振营，王勤英，等，2017. 杀虫蛋白Vip3Aa11对亚洲玉米螟及其寄生性天敌腰带长体茧蜂的影响[J]. 昆虫学报，60（7）：817-824.

姬静华，霍治国，唐力生，等，2016. 鲜食玉米形态特征、生理特性及产量对淹水的响应[J]. 玉米科学，115（3）：90-96.

吉林省农业科学院，2012. 神奇的转基因技术30问[M]. 北京：中国农业出版社.

姜媛媛，纪艺，来勇敏，等，2019. 转Cry1Ab/Cry2Aj基因玉米双抗12-5对意大利蜜蜂成虫的影响[J]. 浙江农业学，31（11）：1 834-1 840.

蒋莉，马飞，叶招莲，等，2012. 响应面法优化玉米穗轴活性炭的微波制备工艺[J]. 工业水处理，32（3）：55-58.

康乐，陈明，2013. 我国转基因作物安全管理体系介绍、发展建议及生物技术舆论导向[J]. 植物生理学报，49（7）：637-644.

李秉华，张宏军，段美生，等，2014. 河北省夏玉米田杂草群落数量分析[J]. 植物保护，40（4）：60-64.

李竞雄，1958. 玉米的生物学特性和栽培技术[J]. 中国农业科学（6）：312-314.

李丽莉，2004. 转Bt基因玉米对玉米蚜及其捕食性天敌龟纹瓢虫的影响[D]. 杨凌：西北农林科技大学.

李丽莉，王振营，何康来，等，2007. 转Bt基因抗虫玉米对玉米蚜种群增长的影响[J]. 应用生态学报，18（5）：1 077-1 080.

李玲，2015. 转NJB（*Cry1Ab/Cry2Aj*）和*G10evo*基因玉米"12-5"的营养学评价研究[D]. 天津：天津医科大学.

李玲，王静，赵岩，等，2015. 转*G10evo*和*Cry1Ab/Cry2Ab*基因玉米GAB-3外源基因表达蛋白的消化稳定性[J]. 环境与健康，32（2）：112-115.

李明，2010. 世界玉米生产回顾和展望[J]. 玉米科学（3）：171-175.

李鹏高，甄亚平，卓勤，等，2015. 转基因玉米对大鼠肠道菌群的影响研究[J]. 毒理学杂志，29（5）：327-330.

李少昆，赖军臣，明博，2009. 玉米病虫草害诊断[M]. 北京：中国农业科学技术出版社.

刘慧，何康来，白树雄，等，2012. 转*Cry1Ab*基因玉米对瓢虫科天敌种群动态的影响[J]. 生物安全学报，21（2）：130-134.

刘纪麟，2000. 玉米育种学[M]. 2版. 北京：中国农业出版社.

刘新颖，王柏凤，王江，等，2016. 转*Cry1Ac*基因抗虫玉米叶片残体降解对土壤动物群落结构的影响[J]. 植物保护学报，43（3）：384-390.

刘新颖，王柏凤，周琳，等，2016. 转*Cry1Ie*基因抗虫玉米IE09S034种植对田间大型土壤动物多样性的影响[J]. 作物杂志（1）：62-68.

刘玉春，孙庆杰，2017. 工业玉米副产品玉米皮精深加工技术进展[J]. 农产品加工（上）（2）：72-75.

鲁鑫，宋新元，武奉慈，等，2018. 转*Cry1Ab-Ma*基因抗虫玉米CM8101对白符跳和赤子爱胜蚓的影响[J]. 环境昆虫学报，40（2）：390-397.

路兴波，孙红炜，杨崇良，等，2005. 转基因玉米外源基因通过花粉漂移的频率和距离[J]. 生态学报，25（9）：2 450-2 453.

路兴波. 2006. 转基因玉米环境安全性及其产品成分检测技术[D]. 泰安：山东农业大学.

马燕婕，何浩鹏，沈文静，等，2019. 转基因玉米对田间节肢动物群落多样性的影响[J]. 生物多样性，27（4）：419-432.

农业部农业转基因生物安全管理办公室，2012. 你了解我吗？农业转基因生物知识连环画册[M]. 北京：中国农业出版社.

农业部农业转基因生物安全管理办公室，2015. 农业转基因科普知识百问百答：品种篇[M]. 北京：中国农业出版社.

农业部农业转基因生物安全管理办公室，2015. 农业转基因科普知识百问百答：食品安全篇[M]. 北京：中国农业出版社.

农业部农业转基因生物安全管理办公室，中国科学技术协会科普部，2011. 农业转基因生物知识100问[M]. 北京：中国农业出版社.

农业部农业转基因生物安全管理办公室，中国科学技术协会科普部，2014. 农业转基因生物知识100问[M]. 2版. 北京：中国农业出版社.

农业农村部农业转基因生物安全管理办公室，2017. 农业转基因科普知识百问百答：政策法规篇[M]. 北京：中国农业出版社.

农业转基因生物安全管理部际联席会议办公室，中国科协科普部，2014. 图说理性看待转基因[M]. 北京：中国农业出版社.

逄金辉，马彩云，封勇丽，等，2016. 转基因作物生物安全：科学证据[J]. 中国生物工程杂志，36（1）：122-138.

齐文增，2012. 超高产夏玉米根系的生理特性及形态特征[D]. 泰安：山东农业大学.

邱江平，1999. 蚯蚓及其在环境保护上的应用：Ⅰ. 蚯蚓及其在自然生态系统中的应用蚯蚓及其在环境保护上的应用[J]. 上海农学院学报，17（3）：227-232.

曲瑛德，陈源泉，侯云鹏，等，2011. 我国转基因生物安全调查Ⅰ. 公众对转基因生物安全与风险的认知[J]. 中国农业大学学报，16（6）：1-10.

任军，才卓，张志军，等，2006. 玉米的营养品质及发展方向[J]. 玉米科学，14（2）：93-95.

沙洪林，岳玉兰，杨健，等，2009. 吉林省玉米田杂草发生与危害现状的研究[J]. 吉林农业科学，34（2）：36-39.

石洁，王振营，2011. 玉米病虫害防治彩色图谱[M]. 北京：中国农业出版社.

石明亮，薛林，胡加如，等，2011. 玉米和特用玉米的营养保健作用及加工利用途径[J]. 中国食物与营养，17（2）：66-71.

史振声，2001. 美国爆裂玉米的历史和发展[J]. 玉米科学（2）：7-9.

宋新元，武奉慈，刘金文，等，2014. 转基因耐除草剂玉米CC-2生存竞争能力研究[J]. 作物杂志（6）：64-66.

宋新元，张明，2011. 转基因基础知识问答：三农热点面对面丛书[M]. 北京：中国农业出版社.

唐丽媛，李从锋，马玮，等，2012. 渐密种植条件下玉米植株形态特征及其相关性分析[J]. 作物学报，38（8）：1 529-1 537.

唐祈林，荣廷昭，2007. 玉米的起源与演化[J]. 玉米科学（4）：7-11.

王柏凤，宋新元，常亮，等，2014. 转基因玉米C63-1种植对土壤跳虫的影响[J]. 应用昆虫学报，51（5）：1 215-1 221.

王国英，2001. 转基因植物的安全性评价[J]. 生物技术学报，9（3）：205-207.

王尚，王柏凤，严杜升，等，2014. 转*EPSPS*基因耐除草剂玉米CC-2对田间节肢动物多样性的影响[J]. 生物安全学报，23（4）：271-277.

王晓鸣，石洁，晋齐鸣，等，2016. 玉米病虫害田间手册[M]. 北京：中国农业出版社.

王月琴，何康来，王振营，2019. 靶标害虫对Bt玉米的抗性发展和治理策略[J]. 应用昆虫学报，56（1）：14-25.

王振营，王晓鸣，2015. 加强玉米有害生物发生规律与防控技术研究保障玉米安全生产[J]. 植物保护学报，42（6）：865-868.

魏湜，2014. 黑龙江玉米生态生理与栽培[M]. 北京：中国农业出版社.

向智男，宁正祥，2005. 功能性色素——玉米黄质的特性、提取及其研究应用[J]. 食品与机械（1）：77-80.

肖能文，戈峰，刘向辉，2005. Bt毒蛋白Cry1Ac在人造土壤中对赤子爱胜蚓毒理及生化影响[J]. 应用生态学报，16（8）：1 523-1 526.

邢珍娟，白树雄，何康来，等，2015. 不同条件下转*Cry1Ab*基因玉米植株残体中杀虫蛋白降解动态[J]. 植物保护学报，42（6）：1 025-1 029.

邢珍娟，王振营，何康来，等，2008. 转Bt基因玉米幼苗残体中Cry1Ab杀毒蛋白田间降解动态[J]. 中国农业科学，41（2）：412-416.

叶慧香，崔跃原，宋新元，等，2015. 转*Cry1Ie*基因抗虫玉米对土壤中细菌群落结构的影响[J]. 生物安全学报，24（1）：64-71.

尤新，1995. 玉米的综合利用及深加工[M]. 北京：中国轻工业出版社.

于振文，2015. 作物栽培学各论北方本[M]. 2版. 北京：中国农业出版社.

张星联，张慧媛，张冰妍，2016. 农产品质量安全风险交流策略优化研究[J]. 农产品质量与安全（2）：49-53.

张永军，孙毅，袁海滨，等，2005. 转*Bt-Cry1Ab*玉米花粉对异色瓢虫生长发育及体内三种代谢酶活性的影响[J]，昆虫学报，48（6）：898-902.

赵和，王海波，2003. 转基因作物对生态环境的影响分析[J]. 河北农业科学，7（3）：30-37.

赵岩，2013. 转*Cry1Ab/Cry2Aj*和*G10evo*（*EPSPS*）基因玉米食用安全性评价研究[D]. 天津：天津医科大学.

中国农业大学食品科学与营养工程学院等，2011. 揭开转基因的面纱[M]. 北京：中国农业出版社.

周彬彬，转基因为何更环保？（2015，http://www.agrogene.cn/info-2497.shtml.）

朱晗，朱凌燕，郭倩颖，等，2014. Bt-799玉米对Wistar大鼠食用安全性评价研究[J]. 中国食物与营养，20（9）：63-67.

朱建国，刘景辉，高占奎，等，2007. 不同品种青贮玉米形态特征及生育进程的变化[J]. 中国农学通报（3）：212-214.

邹雨坤，张静妮，杨殿林，等，2011. 转Bt基因玉米对根际土壤细菌群落结构的影响[J]. 生态学杂志，30（1）：98-105.

ALMEIDA F N，PETERSEN G I，STEIN H H，2013. 玉米、玉米副产品和面包副产品饲喂生长猪的氨基酸消化率[J]. 饲料工业，34（18）：59-64.

ADÍLIA P E, JAMES P A, 2008. Two-year field study with transgenic *Bacillus thuringiensis* maize: effects on soil microorganisms[J]. Science of the Total Environment, 405（1-3）: 351-357.

AHMAD A, WILDE G E, ZHU K Y, 2006. Evaluation of effects of coleopteran specific Cry3Bb1 protein on earthworms exposed to soil containing corn roots or biomass[J]. Environmental Entomology, 35（4）: 976-985.

AL-DEEB M A, WILDE G E, BLAIR J M, et al., 2003. Effect of Bt corn for corn rootworm control on nontarget soil microarthropods and nematodes[J]. Environmental Entomology, 32（4）: 859-865.

ÁLVAREZ-ALFAGEME F, ORTEGO F, CASTAÑERA P, 2009. Bt maize fed-prey mediated effect on fitness and digestive physiology of the ground predator *Poecilus cupreus* L. (Coleoptera: Carabidae) [J]. Journal of Insect Physiology, 55（2）: 144-150.

ANGEVIN F, KLEIN E K, CHOIMET C, et al., 2008. Modelling impacts of cropping systems and climate on maize cross-pollination in agricultural landscapes: The MAPOD model[J]. European Journal of Agronomy, 28（2）: 471-484.

BABENDREIER D, KALBERER N M, ROMEIS J, et al., 2005. Influence of Bt-transgenic pollen, Bt-toxin and protease inhibitor (SBTI) ingestion on development of the hypopharyngeal glands in honeybee[J]. Apidologie, 36（4）: 585-594.

BAKTAVACHALAM G B, DELANEY B, FISHER T L, et al., 2015. Transgenic maize event TC1507: Global status of food, feed, and environmental safety[J]. GM crops & food, 6（2）: 80-102.

BHATTI M A, DUAN J, HEAD G P, et al., 2005. Field evaluation of the impact of corn rootworm (Coleoptera: Chrysomelidae) protected Bt corn on foliage-dwelling arthropods[J]. Environmental Entomology, 34（5）: 1 336-1 345.

BONNY S, 2016. Genetically modified herbicide-tolerant crops, weeds, and herbicides: overview and impact[J]. Environmental Management, 57: 31-48.

BRÉVAULT T, TABASHNIK B E, CARRIÈRE Y, 2015. A seed mixture increases dominance of resistance to Bt cotton in *Helicoverpa zea*[J]. Scientific Reports, 5: 9 807.

BROOKES GRAHAM, BARFOOT PETER, 2015. Environmental impacts of genetically modified (GM) crop use 1996-2013: Impacts on pesticide use and carbon emissions[J]. GM Crops & Food, 6（2）: 103-133.

CAMPAGNE P, KRUGER M, PASQUET R, et al., 2013. Dominant inheritance of field-evolved resistance to Bt corn in *Busseola fusca*[J]. PLoS ONE, 8（7）: e69675.

CAMPAGNE P, KRUGER M, PASQUET R, et al., 2013. Dominant inheritance of field-evolved resistance to Bt Corn in Busseola fusca[J]. Plos One, 8 (7) : e69675.

CARRIÈRE Y, CRICKMORE N, TABASHNIK B E, 2015. Optimizing pyramided transgenic Bt crops for sustainable pest management[J]. Nature Biotechnology, 33 (2) : 161-168.

CARRIÈRE Y, FABRICK J A, TABASHNIK B E, 2016. Can pyramids and seed mixtures delay resistance to Bt crops[J]. Trends in Biotechnology, 34 (4) : 291-302.

CARRIÈRE Y, TABASHNIK B E, 2001. Reversing insect adaptation to transgenic insecticidal plants[J]. Proceedings: Biological Sciences, 268 (1475) : 1 475-1 480.

CARRIGNE P, KRUGER M, PASQUET R, et al., 2013. Dominant inheritance of field-evolved resistance to Bt Corn in Busseola fusca[J]. Plos One, 8 (7) : e69675.

CHAMBERS C P, WHILES M R, ROSI-MARSHALL E J, et al., 2010. Responses of stream macroinvertebrates to Bt maize leaf detritus[J]. Ecological Applications, 20 (7) : 1 949-1 960.

CHEN X, HEAD G P, PRICE P, et al., 2018. Fitness costs of Vip3A resistance in *Spodoptera frugiperda* on different hosts[J]. Pest Management Science, 9: 5 218.

CONNER A J, GLARE T R, NAP J P, 2003. The release of genetically modified crops into the environment: Part II. Over view of ecological risk assessment[J]. The Plant Journal, 33: 19-46.

CORTET J, ANDERSEN M N, CAUL S, et al., 2006. Decomposition processes under Bt (*Bacillus thuringiensis*) maize: results of a multi-site experiment[J]. Soil Biology and Biochemistry, 38 (1) : 195-199.

CORTET J, GRIFFITHS B S, BOHANEC M, et al., 2007. Evaluation of effects of transgenic Bt maize on microarthropods in a European multe-site experiment[J]. Pedobiologia, 51 (3) : 207-218.

COUPE R H, CAPEL P D, 2016. Trends in pesticide use on soybean, corn and cotton since the introduction of major genetically modified crops in the United States[J]. Pest Management Science, 72 (5) : 1 013-1 022.

CRAWLEY M J, BROWN S L, HAILS R S, et al., 2001. Transgenic crops in natural habits[J]. Nature, 409 (6821) : 682-683.

Crop Area Planted and Harvested, Yield, and Production in Metric Units-United States: 2015 and 2016.

CUMMINGS J L, HANDLEY L W, MACBRYDE B, et al., 2008. Dispersal of viable row-crop seeds of commercial agriculture by farmland birds: implication for genetically modified crops[J]. Environmental Biosafety Research, 7 (4) : 241-252.

DAI P L, JIA H R, JACK C J, et al., 2016. Bt Cry1Ie toxin does not impact the survival and pollen consumption of Chinese honeybees, *Apis cerana cerana* (Hymenoptera, Apidae) [J]. Journal of Economic Entomology, 109 (6): 2 259–2 263.

DEVARE M, LONDOÑO R L M, THIES J E, 2007. Neither transgenic Bt maize (MON863) nor tefluthrin insecticide adversely affect soil microbial activity or biomass: a 3-year field analysis. Soil Biology and Biochemistry, 39 (8): 2 038–2 047.

DIVELY G P, ROSE R, SEARS M K, et al., 2004. Effects on Monarch Butterfly Larvae (Lepidoptera: Danaidae) After Continuous Exposure to Cry1Ab-Expressing Corn During Anthesis[J]. Environmental Entomology, 33 (4): 1 116–1 125.

DOWSWELL C R, PALIWAL R L, CANTRELL R P, 1996. Maize in Third World[M]. Boulder: Westview Press.

DUAN J J, TEIXEIRA D, HUESING J E, et al., 2008. Assessing the risk to nontarget organisms from Bt corn resistant to corn rootworms (Coleoptera: Chrysomelidae): Tier-I testing with Orius insidiosus (Heteroptera: Anthocoridae) [J]. Environmental Entomology, 37 (3): 838–844.

ELLSTRAND N C, DEVLIN B, MARSHALL D L, 1989. Gene flow by pollen into small populations: data from experimental and natural stands of wild radish[J]. Proceedings of the National Academy of Sciences of the United States of America, 86 (22): 9 044–9 047.

FARIAS J R, ANDOW D A, HORIKOSHI R J, et al., 2016. Dominance of Cry1F resistance in Spodoptera frugiperda (Lepidoptera: Noctuidae) on TC1507 Bt maize in Brazil[J]. Pest Management Science, 72 (5): 974–979.

FARINÓS G P, POZA M, HERNANDEZ C P, et al., 2008. Diversity and seasonal phenology of aboveground arthropods in conventional and transgenic maize crops in central Spain[J]. Biological Control, 44 (3): 362–371.

FILSER J, 2002. The role of Collembola in carbon and nitrogen cycling in soil[J]. Pedobiologia, 46 (3-4): 234–245.

GALINAT W C, 1988. The origin of corn[J]. Corn and Corn Improvement, 18: 1–31.

GASSMANN A J, CARRIÈRE Y, TABASHNIK B E, 2009. Fitness costs of insect resistance to Bacillus thuringiensis[J]. Annual Review of Entomology, 54: 147–163.

GIESY J P, DOBSON S, SOLOMON K R, 2000. Ecotoxicological risk assessment for Roundup (R) Herbicide[J]. Reviews of Environmental Contamination & Toxicology, 167: 35–120.

GILLES-ERIC S, EMILIE C, ROBIN M, et al., 2014. Republished study: long-term toxicity of a Roundup herbicide and a Roundup-tolerant genetically modified maize[J].

Environmental Sciences Europe, 50（1）: 4 221-4 231.

GODFREE R C, YOUNG A G, LONSDALE W M, et al., 2004. Ecological risk assessment of transgenic pasture plants[J]. Ecology Letters, 7（11）: 1 077-1 089.

GOGGI AS, CARAGEA P, SANCHEZ H L, et al., 2006. Statistical analysis of outcrossing between adjacent maize grain production fields[J]. Field Crops Research, 99（2-3）: 147-157.

GORDON-KAMM W J, SPENCER T M, MANGANO M L, et al., 1990. Transformation of Maize Cells and Regeneration of Fertile Transgenic Plants.[J]. The Plant Cell, 2（7）: 603-618.

GRESSEL J, 2015. Dealing with transgene flow of crop protection traits from crops to their relatives[J]. Pest Management Science, 71（5）: 658-667.

GRIFFITHS B S, CAUL S, THOMPSON J, et al., 2007a. Microbial and microfaunal community structure in cropping systems with genetically modified plants[J]. Pedobiologia, 51（3）: 195-206.

GUERTLER P, LUTZ B, KUEHN R, et al., 2008. Fate of recombinant DNA and Cry1Ab protein after ingestion and dispersal of genetically modified maize in comparison to rapeseed by fallow deer（Dama dama）[J]. European Journal of Wildlife Research, 54（1）: 36-43.

GUO J F, HE K L, HELLMICH R L, et al., 2016. Field trials to evaluate the effects of transgenic *Cry1Ie* maize on the community characteristics of arthropod natural enemies[J]. Scientific Reports, 6: 22 102.

GUO Q Y, HE L X, ZHU H, et al., 2015. Effects of 90-Day Feeding of Transgenic Maize BT799 on the Reproductive System in Male Wistar Rats[J]. Internationl Journal of Environmental Research and Public Health, 12（12）: 15 309-15 320.

HAN S W, ZOU S Y, HE X Y, et al., 2016. Potential subchronic food safety of the stacked trait transgenic maize GH5112E-117C in Sprague-Dawley rats[J]. Transgenic Research, 25（4）: 453-463.

HANLEY A V, HUANG Z Y, PETT W L, 2003. Effect of dietary transgenic Bt corn pollen on larvae of Apis mellifera and Galleria mellonlla[J]. Journal of Apicultural Research, 42（4）: 77-81.

HARWOOD J D, WALLIN W G, OBRYCKI J J, 2005. Uptake of Bt endotoxins by nontarget herbivores and higher order arthropod predators: molecular evidence from a transgenic corn agroecosystem[J]. Molecular Ecology, 14（9）: 2 815-2 823.

HAUGHTON A J, CHAMPION G T, HAWES C, et al., 2003. Invertebrate responses to the management of genetically modified herbicide-tolerant and conventional spring crops.

II. Within-field epigeal and aerial arthropods.[J]. Philosophical Transactions of the Royal Society of London, 358（1 439）：1 863-1 877.

HAWES C, HAUGHTON A J, OSBORNE J L, et al., 2003. Responses of plants and invertebrate trophic groups to contrasting herbicide regimes in the Farm Scale Evaluations of genetically modified herbicide-tolerant crops[J]. Philosophical Transactions of the Royal Society B Biological Sciences, 358（1 469）：1 899-1 913.

HAYGOOD R, IVES A R, ANDOW D A, 2004. Population genetics of transgene containment[J]. Ecology Letters, 7（3）：213-220.

HEAD G P, CAMPBELL L A, CARROLL M, et al., 2014. Movement and survival of corn rootworm in seed mixtures of SmartStax® insect-protected corn[J]. Crop Protection, 58：14-24.

HELLMICH R L, SIGFRIED B D, SEARS M K, et al., 2001. Monarch larvae sensitivity to Bacillus thuringiensis-purified proteins and pollen[J]. Proceedings of the National Academy of Sciences of the United States of America, 98（21）：11 925-11 930.

HILBECK A, BAUMGARTNER M, FRIED P M, et al., 1998. Effects of transgenic Bacillus thuringiensis corn-fed prey on mortality and development time of immature Chrysoperla carnea（Neuroptera：Chrysopidae）[J]. Environmental Entomology, 27（2）：480-487.

HILBECK A, MOAR W J, PUSZTAI-CAREY M, et al., 1998. Toxicity of Bacillus thuringiensis Cry1Ab toxin to the predator Chrysoperla carnea[J]. Environmental Entomology, 27（5）：1 255-1 263.

HILBECK A, OTTO M, 2015. Specificity and combinatorial effects of Bacillus thuringiensis Cry toxins in the context of GMO environmental risk assessment[J]. Frontiers in Environmental Science, 3：71.

HILL R A, SENDASHONGA C, 2003. General principles for risk assessment of living modified organisms：lessons from chemical risk assessment[J]. Environmental Biosafety Research, 2（2）：81-88.

HOFMANN F, OTTO M, WOSNIOK W, 2014. Maize pollen deposition in relation to distance from the nearest pollen source under common cultivation-results of 10 years of monitoring（2001 to 2010）[J]. Environmental Sciences Europe, 26（1）：1-14.

HÖSS S, ARNDT M, BAUMGARTE S, et al., 2008. Effects of transgenic corn and Cry1Ab protein on the nematode, Caenorhabditis elegans[J]. Ecotoxicology and Environmental Safety, 70（2）：334-340.

HUANG F N, 1999. 284. Inheritance of resistance to Bacillus thuringiensis toxin（Dipel ES） in the European corn borer[J]. Science（5416）：965-967.

IVES A R, GLAUM P R, ZIEBARTH N L, et al., 2011. The evolution of resistance to two-toxin pyramid transgenic crops[J]. Ecological Applications, 21（2）：503-515.

JAMES C, 2015. Global status of commercialized Biotech/GM crops. ISAAA Brief. 2015.

JESSE L C H, OBRYCKI J J, 2000. Field deposition of Bt transgenic corn pollen: lethal effects on the monarch butterfly[J]. Oecologia, 125（2）：241-248.

JIA H R, GENG L L, LI Y H, et al., 2016. The effects of Bt Cry1Ie toxin on bacterial diversity in the midgut of Apis mellifera ligustica（Hymenoptera: Apidae）[J]. Scientific Reports, 6（1）：24 664.

JIN L, WEI Y, ZHANG L, et al., 2013. Dominant resistance to Bt cotton and minor cross-resistance to Bt toxin Cry2Ab in cotton bollworm from China[J]. Evolutionary Applications, 6（8）：1 222-1 235.

JIN L, ZHANG H N, LU Y H, et al., 2015. Large-scale test of the natural refuge strategy for delaying insect resistance to transgenic Bt crops[J]. Nature Biotechnology, 33（2）：169-174.

KROGH P H, GRIFFITHS B, DEMŠAR D, et al., 2007. Responses by earthworms to reduced tillage in herbicide tolerant maize and Bt maize cropping systems[J]. Pedobiologia, 51（3）：219-227.

LARSEN B, 2005. Biological Confinement of Genetically Engineered Organisms[J]. Rangeland Ecology & Management Management, 58（55）：561.

LAWHORN C N, NEHER D A, DIVELY G P, 2009. Impact of coleopteran targeting toxin （Cry3Bb1）of Bt corn on microbially mediated decomposition[J]. Applied Soil Ecology, 41（3）：364-368.

LOSEY J E, RAYOR L S, CARTER M E, 1999. Transgenic pollen harms monarch larvae[J]. Nature, 399（6733）：214.

LUCAS D M, TAYLOR M L, HARTNELL G F, et al., 2007. Broiler Performance and Carcass Characteristics When Fed Diets Containing Lysine Maize（LY038 or LY038 × MON 810）, Control, or Conventional Reference Maize[J]. Poultry Science, 86（10）：2 152-2 161.

LUCAS D M, TAYLOR M L, HARTNELL G F, et al., 2007. Broiler performance and carcass characteristics when fed diets containing lysine maize（LY038 or LY038 x MON 810）, control, or conventional reference maize[J]. Poultry Science, 86（10）：2 152-2 161.

LUDY C, LANG A, 2006a. A 3-year weld-scale monitoring of foliage-dwelling spiders

（Araneae）in transgenic Bt maize fields and adjacent field margins[J]. Biological Control, 38（3）：314-324.

LUDY C, LANG A, 2006b. Bt maize pollen exposure and impact on the garden spider, Araneus diadematus[J]. Entomologia Experimentalis et Applicata, 118（2）：145-156.

LUMBIERRES B, ALBAJES R, PONS X, 2004. Transgenic Bt maize and Rhopalosiphum padi（Hom., Aphididae）performance[J]. Ecological Entomology, 29（3）：309-317.

LUNDGREN J G, WIEDENMANN R N, 2002. Coleopteran-specific Cry3Bb toxin from transgenic corn pollen does not affect the fitness of a nontarget species, Coleomegilla maculata DeGeer（Coleoptera：Coccinellidae）[J]. Environmental Entomology, 3（16）：1 213-1 218.

MARSHALL A. Drought-tolerant varieties begin global march[J]. Nat Biotechnol, 32：308.

MARSHALL, ANDREW, 2014. Drought-tolerant varieties begin global march[J]. Nature Biotechnology, 32（4）：308-308.

MATHUR C, KATHURIA P C, DAHIYA P, et al., 2015. Lack of detectable allergenicity in genetically modified maize containing "Cry" proteins as compared to native maize based on in silico & in vitro analysis[J]. PLoS One, 10（2）：e0117340.

MEISSLE M, PILZ C, ROMEIS J, 2009. Susceptibility of Diabrotica virgifera virgifera（Coleoptera：Chrysomelidae）to the entomopathogenic fungus Metarhizium anisopliae when feeding on Bacillus thuringiensis Cry3Bb1-expressing maize[J]. Applied Environmental Microbiology, 75（12）：3 937-3 943.

NAP J P, METZ P L J, ESCALER M, et al., 2003. The release of genetically modified crops into the environment：Part I. Overview of current status and regulations[J]. The Plant Journal, 33：1-18.

OBERHAUSER K S, PRYSBY M D, MATTILA H R, et al., 2001. Temporal and spatial overlap between monarch larvae and pollen[J]. Proceedings of the National Academy of Sciences of the United States of America, 98（21）：11 913-11 918.

OBERHAUSER K S, RIVERS E R L, 2003. Monarch butterfly（Danaus plexippus）larvae and Bt maize pollen：a review of ecological risk assessment for a non-target species[J]. Agbiotechnet, 5：1-7.

OBRIST L B, DUTTON A, ROMEIS J, et al., 2006a. Biological activity of Cry1Ab toxin expressed by Bt maize following ingestion by herbivorous arthropods and exposure of the predator Chrysoperla carnea[J]. BioControl, 51（1）：31-48.

OBRIST L B, KLEIN H, DUTTON A, et al., 2006b. Assessing the effects of Bt maize on the predatory mite Neoseiulus cucumeris[J]. Experimental and Applied Acarology, 38（2-

3）：125-139.

P, JOOS H, GENETELLO C, LEEMANS J, et al., 1983. Ti plasmid vector for the introduction of DNA into plant cells without alteration of their normal regeneration capacity. EMBO J[J], 2（12）：2 143-2 150.

PEREIRA E J G, STORER N P, SIEGFRIED B D, 2008. Inheritance of Cry1F resistance in laboratory-selected European corn borer and its survival on transgenic corn expressing the Cry1F toxin[J]. Bulletin of Entomological Research, 98（6）：621-629.

PETRICK J S, FRIERDICH G E, CARLETONS M, et al., 2016. Corn rootworm-active RNA DvSnf7：Repeat dose oral toxicology assessment in support of human and mammalian safety[J]. Regul Toxicol Pharmacol. 81：57-68.

Planting the future：opportunities and challenges for using crop genetic improvement technologies for sustainable agriculture 2013.

PLEASANTS J M, HELLMICH R L, DIVELY G P, et al., 2001. Corn pollen deposition on milkweeds in and near cornfields[J]. Proceedings of the National Academy of Sciences of the United States of America, 98（21）：11 919-11 924.

QUIST D, CHAPELA I H, 2001. Transgenic DNA introgressed into traditional maize landraces in Oaxaca, Mexico[J]. Nature, 414（6863）：541-543.

RAHMAN M M, ROBERTS H L S, Schmidt O, 2004. The development of the endoparasitoid Venturia canescens in Bt-tolerant, immune induced larvae of the flour moth Ephestia kuehmiella[J]. Journal of Invertebrate Pathology, 87（2-3）：129-131.

RAMIREZ-ROMERO R, BERNAL J S, CHAUFAUX J, et al., 2007. Impact assessment of Bt-maize on a moth parasitoid, Cotesia marginiventris（Hymenoptera：Braconidae）, via host exposure to purified Cry1Ab protein or Bt-plants[J]. Crop Protection, 26（7）：953-962.

RAMIREZ-ROMERO R, CHAUFAUX J, PHAM-DELÈGUE M H, 2005. Effects of Cry1Ab protoxin, deltamethrin and imidacloprid on the foraging activity and the learning performances of the honeybee Apis mellifera, a comparative approach[J]. Apidologie, 36（4）：601-611.

RAMIREZ-ROMERO R, DESNEUX N, CHAUFAUX J, et al., 2008. Bt-maize effects on biological parameters of the non-target aphid Sitobion avenae（Homoptera：Aphididae）and Cry1Ab toxin detection[J]. Pesticide Biochemistry Physiology, 91（2）：110-115.

RICHARDSON T H, TAN X, FREY G, et al., 2014. A novel, high performance enzyme for starch liquefaction[J]. Journal of Biological Chemistry, 277：26 501-26 507.

RODRIGO-SIMÒN A, DE-MAAGD R A, AVILLA C, et al., 2006. Lack of detrimental effects of Bacillus thuringiensis Cry toxin on the insect predator Chrysoperla carnea：a toxicological, histopathological, and biochemical analysis[J]. Applied and Environmental Microbiology, 72（2）: 1 595-1 603.

ROUSH R T, 1997. Bt-transgenic crops: just another pretty insecticide or a chance for a new start in resistance management[J]. Pesticide Science, 51（3）: 328-334.

SANDERS C J, PELL J K, POPPY G M, et al., 2007. Host plant mediated effects of transgenic maize on the insect parasitoid Campoletis sonorensis（Hymenoptera: Ichneumonidae）[J]. Biological Control, 40（3）: 362-369.

SANFORD J C, KLEIN T M, WOLF E D, et al., 1987. Delivery of substances into cells and tissues using a particle bombardment process[J]. Particulate Science & Technology, 5（1）: 27-37.

SAXENA D, STOTZKY G, 2001.Bacillus thuringiensis toxin released from root exudates and biomass of Bt corn has no apparent effect on earthworms, nematodes, protozoa, bacteria, and fungi in soil[J]. Soil Biology and Biochemistry, 33（9）: 1 225-1 230.

SEARS M K, HELLMICH R L, STANLEY-HORN D E, et al., 2001. Impact of Bt corn pollen on monarch butterfly populations: a risk assessment[J]. Proceedings of the National Academy of Sciences of the United States of America, 98（21）: 11 937-11 942.

SÉRALINI G-E, CLAIR E, MESNAGE R, et al., 2014. Long term toxicity of a Roundup herbicide and a Roundup-tolerant genetically modified maize[J]. Environmental Sciences Europe, 50（1）: 4 221-4 231.

SHABBIR M Z, QUAN Y D, WANG Z Y, et al., 2018. Characterization of the Cry1Ah resistance in Asian corn borer and its cross-resistance to other Bacillus thuringiensis toxins[J]. Scientific Reports, 8（1）: 234-242.

SHELTON A M, TANG J D, ROUSH R T, et al., 2000. Field tests on managing resistance to Bt-engineered plants[J]. Nature Biotechnology, 18（3）: 339-342.

SHELTON A M, ZHAO J Z, ROUSH R T, 2002. Economic, ecological, food safety, and social consequences of the development on Bt transgenic plants[J]. Annual Review of Entomology, 47: 845-881.

SHIRAI Y, 2006. Laboratory evaluation of effects of transgenic Bt corn pollen on two non-target herbivorous beetles, Epilachna vigintioctopunctata（Coccinellidae）and Galerucella vittaticollis（Chrysomelidae）[J]. Applied Entomology and Zoology, 41（4）: 607-611.

SMITH EA, OEHME FW, 1992. The biological activity of glyphosate to plants and animals: a literature review.[J]. veterinary & human toxicology, 34（6）: 531-543.

SNOW A A, PALMA P M, 1997. Commercialization of transgenic plants: potential ecological risks[J]. BioScience, 47: 86-96.

STANLEY-HORN D E, DIVELY G P, HELLMICH R L, et al., 2001. Assessing the impact of Cry1Ab-expressing corn pollen on monarch larvae in field studies[J]. Proceedings of the National Academy of Sciences of the United States of America, 98（21）：11 931-11 936.

STORER N P, KUBISZAK M E, ED K J, et al., 2012. Status of resistance to Bt maize in Spodoptera frugiperda: lessons from Puerto Rico[J]. Journal of Invertebrate Pathology, 110（3）：294-300.

TABASHNIK B E, BRÉVAULT T, CARRIÉRE Y, 2013. Insect resistance to Bt crops: lessons from the first billion acres[J]. Nature Biotechnology, 31（6）：510-521.

TABASHNIK B E, CARRIÈRE Y, DENNEHY T J, et al., 2003. Insect resistance to transgenic Bt crops: lessons from the laboratory and field[J]. Journal of Economic Entomology, 96（4）：1 031-1 038.

TABASHNIK B E, GASSMANN A J, CROWDER D W, et al., 2008. Insect resistance to Bt crops: evidence versus theory[J]. Nature Biotechnology, 26（2）：199-202.

TANK J L, ROSI-MARSHALL E J, ROYER T V, 2010. Occurrence of maize detritus and a transgenic insecticidal protein（Cry1Ab）within the stream network of an agricultural landscape[J]. PNAS, 107（41）：17 645-17 650.

VAUFLEURY A D, KRAMARZ P E, BINET P, et al., 2007. Exposure and effects assessments of Bt-maize on non-target organisms（gastropod, microarthropods, mycorrhizal fungi）in microcosms[J]. Pedobiologia, 51（3）：185-194.

WALTZ E, 2014. Beating the heat[J]. Nature Biotechnology, 32（7）：610-613.

WANG Y Q, WANG Y D, WANG Z Y, et al., 2016. Genetic basis of Cry1F-resistance in a laboratory selected Asian corn borer strain and its cross-resistance to other Bacillus thuringiensis toxins[J]. PLoS ONE, 11（8）：e0161189.

WANG Y Q, YANG J, QUAN Y D, et al., 2017. Characterization of Asian corn borer resistance to Bt toxin Cry1Ie[J]. Toxins, 9（6）：186-196.

WANG Z X, LI Y H, HE K L, et al., 2017. Does Bt maize expressing Cry1Ac protein have adverse effects on the parasitoid Macrocentrus cingulum（Hymenoptera: Braconidae）[J]. Insect Science, 24（4）：599-612.

WASSENAAR L I, HOBSON K A, 1998. Natal origins of wintering migrant monarch butterflies in Mexico: new isotopic evidence[J]. Proceedings of the National Academy of Sciences of the United States of America, 95（26）：15 436-15 439.

WU K M, LU Y H, FENG H Q, et al., 2008. Suppression of cotton bollworm in multiple crops in China in areas with Bt toxin-containing cotton[J]. Science, 321（5896）：1 676-1 678.

XU L N, WANG Z Y, ZHANG J, et al., 2010. Cross resistance of Cry1Ab-selected Asian corn borer to other Cry toxins[J]. Journal of Applied Entomology, 134（5）: 429-438.

YANG J, QUAN Y D, SIVAPRASATH P, et al., 2018. Insecticidal activity and synergistic combinations of ten different Bt toxins against Mythimna separata（Walker）[J]. Toxins, 10（11）: 454-463.

ZHANG T T, HE M X, GATEHOUSE A M R, et al., 2014. Inheritance patterns, dominance and cross-resistance of Cry1Ab-and Cry1Ac-selected Ostrinia furnacalis（Guenée）[J]. Toxins, 6（9）: 2 694-2 707.

ZHAO J Z, CAO J, COLLINS H L, et al., 2005. Concurrent use of transgenic plants expressing a single and two Bacillus thuringiensis genes speeds insect adaptation to pyramided plants[J]. Proceedings of the National Academy of Sciences, 102（24）: 8 426-8 430.

ZWAHLEN C, HILBECK A, GUGERLI P, et al., 2003. Degradation of the Cry1Ab protein within transgenic Bacillus thuringiensis corn tissue in the field[J]. Molecular Ecology, 12（3）: 765-775.